最有趣的

昆蟲

觀察 百科

與60種昆蟲一起探索你不知道的生物世界

TV生物圖鑑——著　　柳南永——圖　　譚妮如——譯

前言

各位讀者朋友們，大家好！
我在Youtube上經營
「TV生物圖鑑」頻道，介紹各種生物，
最近我不是只有觀察各種可愛的昆蟲，
並開始沉浸在飼育牠們的樂趣中～

　　地球上約有3/4的生物被歸類為昆蟲，這意味著每10種生物中就有7種是昆蟲。這世界上棲息著各式各樣的昆蟲，從我們所熟悉的到仍未被發現的昆蟲，種類非常繁多。全世界被發現的昆蟲超過80萬種，光是在韓國被發現的昆蟲就超過兩萬多種。這與在韓國發現的500多種鳥類和200多種淡水魚相比，應該是一個很龐大的數量。不論是山間、田野或是在水中，幾乎沒有昆蟲朋友們不能生活的地方。

然而許多人因為不了解昆蟲的關係，就認為這些昆蟲很噁心並且有危害。昆蟲因數量龐大、種類多元等特質，因此具有極為重要的生態價值。近年來，昆蟲也被應用在食物、藥品和有機農業上，在產業上備受矚目。為了保護這些珍貴的昆蟲，需要更多人的關注。此外，昆蟲朋友擁有魔性般的魅力，一旦迷上牠們，就會深陷其中無法自拔！

　　現在和我們一起去尋找，來自世界各地的神奇昆蟲吧！

TV生物圖鑑

請掃一下QR CODE，透過影片能更加了解昆蟲們

能夠一目瞭然所介紹的昆蟲長相和特徵！

清楚了解可愛昆蟲的詳細生長資訊

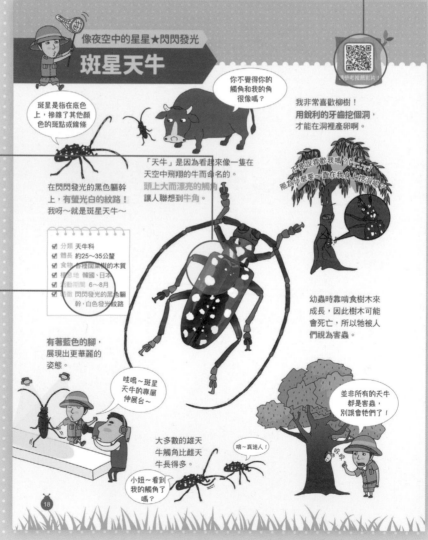

和我一起去尋找昆蟲吧！

可以合法採集的昆蟲以「採集昆蟲Live」標示，法律上無法採集的保育類以「觀察昆蟲On Air」標示（此處為韓國的法律）。

採集保育類生物時，有可能受到處罰，所以必須特別留意。

像塑膠玩具一般硬硬的、閃閃發光的斑星天牛，就像是穿著盔甲的天牛！來看看牠們有多麼閃亮吧！

TV生物圖鑑
採集昆蟲 LIVE

在大樓住宅區、公園裡的樹木等生活周遭，可以輕而易舉地看到斑星天牛。

今天我們來觀察一下住家附近的樹木吧？

透過生動的漫畫，感受觀察和採集昆蟲的過程！

試著在市區和公園裡的柳樹或白楊木找找看。如果在樹上發現一個的洞（逃生孔），那麼遇見牠們的機率就會提高。

這個洞就是斑星天牛在樹上進出的痕跡～

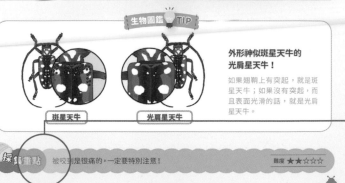

生物圖鑑 TIP

外形神似斑星天牛的光肩星天牛！

如果翅鞘上有突起，就是斑星天牛；如果沒有突起，而且表面光滑的話，就是光肩星天牛。

斑星天牛　　　光肩星天牛

最後請別錯過「採集重點」小提示

採集重點　被咬到是很痛的，一定要特別注意！　　　難度 ★★☆☆☆

19

書中常用的
昆蟲用語

先來學習書中常
見的用語吧～

大爆發	昆蟲同時在廣範圍的面積上大量出現的情形
齡	計算幼蟲年齡的單位
腐葉土	草或樹葉腐爛後而形成的泥土
成蟲	成長完成並有繁殖能力的昆蟲
樹液	從樹分泌出來的黏性液體
夜行性	在夜間活動的習性
若蟲	不完全變態的昆蟲幼蟲
幼蟲	完全變態的昆蟲幼蟲
晝行性	日間活動的習性
闊葉樹	葉子平闊的樹木種類，例如槲樹（學名：Quercus dentata）、白桑（Morus alba）、梧桐樹等

出門尋找昆蟲的祕訣！

◆ 不可以穿不方便的服裝，例如：皮鞋、裙子等。
請依據天氣和場所，挑選最舒適的衣服來穿著吧！
遮陽帽和運動鞋是必備的！

◆ 小朋友如果晚上要出去觀察夜行性昆蟲，一定要有監護人陪同！
獨自一人或沒有大人陪同是很危險的！

推薦序

TV生物圖鑑的第二本圖鑑終於完成了！

這是EGG博士（EggBugs）最喜歡的昆蟲圖鑑，所以更值得期待了！

能透過圖片一目瞭然地看到各式各樣的昆蟲，真是有趣極了！

EGG博士也要好好閱讀本書，才能成為一個更酷的博士！

★ 作家－雞蛋博士The egg★

身為生物Youtuber的我，也為了學習相關知識而訂閱了TV生物圖鑑！

只要有這一本書，任何人都可以輕鬆有趣地學習昆蟲！

強力推薦給大家！

★Youtuber—Hunterfwang（헌터꽝）★

看到這本書後，會讓我們再次思考，

大自然在我們的人生中具有多麼珍貴的意義。

這才是真正的頓悟！

★Youtuber—Daheuk（다흑）★

目錄

①
試著在樹上
找找看吧！

前言　4

圖解說明！先了解再開始吧　6

書中常用的昆蟲用語　8

推薦序　9

白條天牛　16

斑星天牛　18

藍麗天牛　20

白腰芒天牛　22

桃紅頸天牛　24

吉丁蟲　26

蟬　28

桑寬盾蝽　30

櫟長頸象鼻蟲　32

竹節蟲　34

大黑艷蟲　36

2

試著在樹液中
找找看吧！

高砂深山鍬形蟲 40

對馬扁鍬形蟲 42

日本大鍬形蟲 44

兩點赤鋸鍬形蟲 46

獨角仙 48

寬頻鹿花金龜 50

日銅鑼花金龜 52

白點花金龜 54

大山鋸天牛 56

大紫蛺蝶 58

大褐象鼻蟲 60

大虎頭蜂 62

3

試著在草叢和花叢中
找找看吧！

柑橘鳳蝶 66

翠鳳蝶 68

白粉蝶 70

紅珠絹蝶 72

大絹斑蝶 74

淡紅螢火蟲 76

異色瓢蟲 78

中華大刀螳螂 80

毛角多節天牛 82

4

試著在溪水邊
找找看吧！

黃緣龍蝨 86

桂花負蝽 88

螳蠍蝽 90

圓臀大黽蝽 92

無霸勾蜓 94

小紅蜻蜓 96

克氏巨蚊 98

5

試著在泥土裡
找找看吧！

油甲蟲 102

綠步甲 104

屁步甲 106

蟻蛉 108

中華虎甲 110

闊胸禾犀金龜 112

東方螻蛄 114

大葫蘆步行蟲 116

6

試著在糞便中
找找看吧！

台風蜣螂　120

車華糞蜣螂　122

斯氏西蜣螂　124

金彩糞金龜　126

白斑迷蛺蝶　128

7

試著在燈光下
找找看吧！

大水青蛾　132

大透目天蠶蛾　134

黃褐籮紋蛾　136

鋸鍬形蟲　138

金鬼鍬形蟲　140

雲斑鰓金龜　142

馬奎特刺胸擬鍬形蟲　144

大黑埋葬蟲　146

咯吱咯吱，通通吃光光！
白條天牛

像夜空中的星星★閃閃發光
斑星天牛

傳說中擁有時尚外衣的美麗甲蟲！
藍麗天牛

偽裝成鳥屎的昆蟲
白腰芒天牛

滿滿香氣撲鼻而來~
桃紅頸天牛

新羅時代的珠寶飾品
吉丁蟲

唧唧～夏天來到的聲音
蟬

華麗的終結者
桑寬盾蝽

樹林裡的裁縫師
櫟長頸象鼻蟲

偽裝術達人
竹節蟲

會用14種聲音唱歌的昆蟲！
大黑艷蟲

白條天牛

請參考推薦影片！

我這令人生畏的下巴，就連樹皮也可輕而易舉地割下！

你好啊！

你是屬於我的 ♥

因為常在枹櫟樹上發現白條天牛，所以也取名為枹櫟天牛。

牠的體型大，在眾多的天牛中，其體型僅次於大山鋸天牛！偶爾也會被誤認為是大山鋸天牛。

哇！大山鋸天牛耶…

柳樹

茅栗

日本橙木

枹櫟

我不僅掛在櫟樹上，還會掛在**板栗、日本橙木、柳樹**等樹枝末梢，啃食樹皮！

看到背上的**白色（或黃色）紋路**，就可以輕而易舉地認出我！

- ☑ 分類 天牛科
- ☑ 體長 約40～60公釐
- ☑ 食物 幼蟲 闊葉樹的木質
       成蟲 闊葉樹的樹皮
- ☑ 棲息地 韓國（南部）、日本、中國等
- ☑ 活動期間 5～8月
- ☑ 特徵 大型體型，白色或黃色紋路

我不是大山鋸天牛，別再來亂了！

背部有白色或黃色紋路，那是我的特徵！

結束交配後的雌白條天牛，會以牠強而有力的鋒利下巴，在櫟樹、茅栗等闊葉樹上鑽一個個的洞並產下卵！

哎呀呀

若是被強而有力的下巴咬到，手指頭還會在吧？

啊，怎麼又是你們？拜託，去別的地方吧！

咬咬

幼蟲有2～4年的時間靠啃食樹木成長，但牠們的這種習性經常會導致樹木死亡。

白條天牛是昆蟲中體型偏中大型的！
要怎樣才能見到這位朋友呢？

可以在5月至8月之間，前往溫暖的南海岸地區闊葉林找找看！

終於到達樹林了！但是這些朋友是夜行性昆蟲，白天很難發現。所以我只能等到天黑了。

天色暗了，終於到白條天牛的活動時間了！
集中精神來找找看白條天牛。

白條天牛常飛向有燈光的地方。
運氣好的話，就容易在路燈下遇見。

採集重點　告訴你一個祕密！在燈光下見到牠，比在樹林裡看見牠的機率更高呢！　　難度 ★★★☆☆

像夜空中的星星★閃閃發光

斑星天牛

請參考推薦影片！

斑星是指在底色上，摻雜了其他顏色的斑點或線條

你不覺得你的觸角和我的角很像嗎？

我非常喜歡柳樹！
用銳利的牙齒挖個洞，才能在洞裡產卵啊。

在閃閃發光的黑色軀幹上，**有螢光白的紋路！**
我呀～就是斑星天牛～

「天牛」是因為看起來像一隻在天空中飛翔的牛而命名的。
頭上大而漂亮的觸角讓人聯想到**牛角**。

不是說喜歡我嗎？(ㄒ-ㄒ)
那為什麼要一直在我身上挖洞呢？

- ☑ 分類 天牛科
- ☑ 體長 約25～35公釐
- ☑ 食物 各種闊葉樹的木質
- ☑ 棲息地 韓國、日本
- ☑ 活動期間 6～8月
- ☑ 特徵 閃閃發光的黑色軀幹，白色發光紋路

幼蟲時靠啃食樹木來成長，因此樹木可能會死亡，所以牠被人們視為害蟲。

有著藍色的腳，展現出更華麗的姿態。

哇嗚～斑星天牛的專屬伸展台～

並非所有的天牛都是害蟲，別誤會牠們了！

大多數的雄天牛觸角比雌天牛長得多。

唔～真迷人！

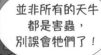

小妞～看到我的觸角了嗎？

像塑膠玩具一般硬硬的、閃閃發光的斑星天牛，就像是穿著盔甲的天牛！來看看牠們有多麼閃亮吧！

出發！
TV生物圖鑑
採集昆蟲 LIVE

在大樓住宅區、公園裡的樹木等生活周遭，可以輕而易舉地看到斑星天牛。

今天我們來觀察一下住家附近的樹木吧？

試著在市區和公園裡的柳樹或白楊木找找看。如果在樹上發現一個的洞（逃生孔），那麼遇見牠們的機率就會提高。

這個洞就是斑星天牛在樹上進出的痕跡～

生物圖鑑 TIP

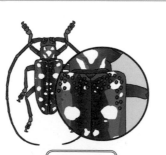

斑星天牛

光肩星天牛

外形神似斑星天牛的光肩星天牛！

如果翅鞘上有突起，就是斑星天牛；如果沒有突起，而且表面光滑的話，就是光肩星天牛。

採集重點　被咬到是很痛的，一定要特別注意！　　難度 ★★☆☆☆

藍麗天牛

請參考推薦影片！

你也喜歡薄荷口味嗎？！你覺得我的薄荷色好看嗎？

不久之前，我仍是一隻鮮為人知的昆蟲。

你是外星昆蟲嗎？

枯樹是我們熱門的約會景點！

我們在大山谷周圍的枯樹上交配。

令人難以置信的亮麗外衣！ 因為牠的繽紛藍色外殼，是以在日文有寶石（藍寶石）之意的「露麗（RURI）」命名。

在**天藍色或青綠色**的亮麗軀幹上，有著**黑色紋路**，是牠的特徵！

會在樹皮縫隙間和樹洞裡，插入產卵管產卵。

亮晶晶的藍麗天牛～閃耀著美麗的光芒～♫

因為色彩鮮豔，而且有在高處飛翔的習性，因此經常被鳥類吃掉。

產卵管是位於昆蟲肚子末梢的產卵器官

喔不！

- ☑ 分類 天牛科
- ☑ 體長 約15～35公釐
- ☑ 食物 幼蟲 死亡的闊葉樹木質
       成蟲 未知
- ☑ 棲息地 韓國、中國、俄羅斯
- ☑ 活動期間 6月底～8月初
- ☑ 特徵 天藍色軀幹上有黑色紋路

傳說中的寶石昆蟲——藍麗天牛，
十年前還鮮為人知！
我們一起來了解這個神祕的朋友吧！

藍麗天牛住在山上，因為數量很少，所以很難見到。即便如此，認真找找看的話，也許可以看到，開始集中精神尋找吧！

> 如果想遇到藍麗天牛，就必須進入深山！跟著我的腳步～GO

因為牠們經常在枯死的樹上尋找伴侶和產卵，所以可以在一些大型山谷的枯樹上發現牠們。

> 一定要仔細觀察山谷周圍枯死的樹木！

雪嶽山

五臺山

智異山

> 記得只能用眼睛觀察哦！真的好漂亮喔…

因為藍麗天牛的外表太華麗，所以很多人會想要去採集牠們。
但是，為了保護數量稀少的藍麗天牛，請大家用眼睛觀察就好哦！

觀察重點 別錯過大型山谷附近的枯樹！

難度 ★★★★☆

瞳孔

地震

哇！糞便竟然動了起來，這是怎麼回事？

沙沙沙…

鳥屎有生命？！
自己會移動(⊙＿⊙)
到底是怎麼回事？

白腰芒天牛從體型、外觀和紋路，都和鳥屎長得很像，所以也俗稱為鳥糞天牛。

呃～是鳥屎！好髒…

偽裝成天敵鳥類的糞便，是為了避免被鳥類獵食。

嘿～我是白腰芒天牛，偽裝成鳥屎是認真的…(≧..≦)

噗～呵呵

不到1公分的迷你～

我的體長很短，不到1公分。
這一雙長觸角是天牛的特徵，大家有看到吧？

我這輩子只要有你就夠了♥

痴望著遼東楤木♥

我在遼東楤木上吃飯，也希望在遼東楤木上交配、產卵。

☑ 分類 天牛科
☑ 體長 約6～8公釐
☑ 食物 幼蟲 遼東楤木的木質
　　　　成蟲 遼東楤木的樹皮
☑ 棲息地 韓國、日本、中國等
☑ 活動期間 3～5月
☑ 特徵 如指甲般的迷你軀幹部和鳥屎般的外觀

是韓國天牛中最早報春的天牛。
從3月份開始，就可以看到我啃食遼東楤木的新芽啦～

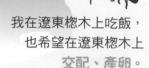

嚼嚼

春神來了怎知道～看見一隻白腰芒天牛就知道春天來了

體型真的很迷你的白腰芒天牛！
我們來確認一下，
白腰芒天牛是否真的長得跟鳥屎很像？

3月底至5月初，是較容易看到白腰芒天牛的時期。

我要去找春天的使者——白腰芒天牛！

想要看到白腰芒天牛，該去哪裡找呢？答案就是在遼東楤木樹上，因為白腰芒天牛真的超喜歡遼東楤木。

有一個怪咖來了！大家快偽裝成鳥屎吧！

什麼，真的像鳥屎耶！耶，抓到了！

牠們不僅體型小，還常偽裝成鳥屎，所以不太顯眼。如果看到一棵長著尖刺的遼東楤木，可以仔細尋找一下哦！

白腰芒天牛出現在遼東楤木樹新芽末梢的機率很高哦！

採集重點　遼東楤木可以輕而易舉地在韓國鄉村周圍找到！　難度 ★★☆☆☆

高山青～
澗水藍～

在櫻花樹上較能發現牠們的蹤跡，**牠們身上會散發出麝香**。

最近很多人說這是麝香！

也好像檸檬香哦，真神奇！

夏季可以發現牠們附著在櫻花樹、桃樹、杏仁樹和李樹上。

像白色爆米花般盛開的櫻花樹，大家都知道吧？
這裡住著我這隻**桃紅頸天牛**！

全身是黑色的，但胸部是搶眼的紅色。軀幹表面十分光滑，是閃亮的黑色光澤。

呼～
當躺平族最爽啦！

- ☑ 分類 天牛科
- ☑ 體長 約30～38公釐
- ☑ 食物 櫻花樹、桃樹、李樹等
- ☑ 棲息地 韓國、中國等
- ☑ 活動期間 6月底～8月初
- ☑ 特徵 黑色軀幹和紅色胸部

象徵天牛的**長觸角**魅力十足。雄蟲的觸角比身體長，雌蟲的觸角與體長差不多。

幼蟲靠**啃食活樹木**來維持生命。因此，牠被歸類為害蟲。

仔細一看，
雌蟲體型比雄蟲
更厚實

對不起！為了活下去，必須這樣做。哈哈

因為我也想活下去！？

24

前胸背板上有紅點的桃紅頸天牛，
我們一起去找找看吧！

在許多地方都可以看到桃紅頸天牛。
約在6月下旬至8月之間可以看到成蟲，要採集的話，最好在最活躍的7月採集。

自信
GO！出發吧！
桃紅頸天牛
等我啊！
滿滿

去櫻花樹、桃樹、李樹等樹林找找看，這些昆蟲不僅棲息在樹林裡，就連公園的櫻花樹上也是牠們的棲息處。

這裡的某個角落，應該有桃紅頸天牛吧！

來找我啊～找得到嗎？

咔嚓

哎呀…被發現了！

找到了！！

如果在櫻花樹上發現如成人指甲般大小的橢圓形洞，或是樹底下有掉落的木屑，那就是桃紅頸天牛棲息的證據！

生物圖鑑 TIP

7月正值桃紅頸天牛繁殖活動旺盛的季節，能夠見到正在交配的桃紅頸天牛。

採集重點　在櫻花樹林多的公園裡，找找看橢圓形的樹洞和木屑吧！　難度 ★★☆☆☆

吉丁蟲

啊...不行！
眼睛睜不開
了！

哪個才是
真正的
絲綢呢？

刺眼的寶石出現了！

閃亮
閃亮

因為吉丁蟲擁有像絲綢般光滑閃亮的軀幹，因此又命名為絲綢蟲。因為金屬色澤又稱為寶**石甲蟲（Jewel Beetle）**。

在散發出綠色
光澤的軀幹上，
胸板和翅鞘兩側
有深紅色帶狀紋
路。
水珠狀的大眼睛
也是我的特徵。

哇！！！
好漂亮喔～

從新羅時代（韓國古代，
西元前57年～935年）開
始，有用**吉丁蟲鞘翅**做首
飾或裝飾品的傳統。

昨天我又再次炫耀了
吉丁蟲耳環～

哇，
好漂亮喔～

新羅

- ☑ 分類 吉丁蟲
- ☑ 體長 約30～40公釐
- ☑ 食物 幼蟲 死亡的朴樹、
  春榆木質
  成蟲 朴樹、春榆等樹
  的葉子
- ☑ 棲息地 熱帶地區
- ☑ 活動期間 7～8月
- ☑ 特徵 像鏡子一樣閃閃發亮
  的綠光，軀幹上有兩
  條紅線紋

閃閃

並不是因為想
看起來浮誇才
這麼做的！

發光

我身體上的綠色是一種
偽裝術，是為了看起來
和葉子的顏色相似。

咬咬

主要在朴樹和春榆樹
梢交配及產卵。

我是靠啃食樹
木長大的～

此外，閃閃發光
的光澤，可以有
效地反射樹梢的
熱度。

像寶石般閃閃發光的吉丁蟲！
要怎樣才能遇到吉丁蟲呢？

吉丁蟲瀕臨滅種，被列為保育類野生動物。吉丁蟲最喜歡的朴樹林也在消失中。

尋找吉丁蟲的小提示！如果你發現一棵高大的枯槁朴樹，請仔細觀察一下樹梢，也許就會看到囉！

在炎熱的7月至8月正午，牠們會盤旋在朴樹、春榆樹梢上飛翔。不太會飛下來低處，所以很難觀察到。

 如果看到巨大的朴樹時，請記得抬頭仰望一下天空！　　　　難度 ★★★★☆

27

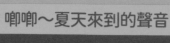

唧唧～夏天來到的聲音

蟬

體型大小和外形因品種而異,鳴叫聲也不同。

現在你知道我為什麼是蟬了吧?

這隻是蟬!

那隻是蒙古寒蟬

唧唧唧～
知了～

知了～
知了～

唧唧唧唧

在韓國蟬的鳴叫聲是「maemmaem」,所以將牠取名為「maemi(韓文:매미)」。

為什麼蟬叫聲那麼吵啊?原來是為了誘惑啊!
只有雄蟬才有能發出聲音的鳴腔呢!

總共有**五顆眼睛**,兩顆大的複眼,額頭上還有三隻單眼!和體長相較之下,**觸角非常短**。

唧唧唧唧

咔

近距離看,牠就像是其他星球的生命體

哪泥?

剛生出來的幼蟲,會在2～3年的期間挖地並鑽到地底,吸吮樹根汁液。

難道我聽錯了嗎?

如吸管般吸吮樹液～

我很可愛吧?

- ☑ 分類 蟬科
- ☑ 體長 約35公釐
- ☑ 食物 樹木的汁液
- ☑ 棲息地 韓國、中國
- ☑ 活動期間 7～9月
- ☑ 特徵 像牠的韓語名字般發出「maem maem」的叫聲

用尖針狀的嘴吸吮樹木的汁液,存活下來。

夏天到處傳來的蟬鳴聲！
我們來與各種品種的蟬相遇吧！

不論是高山或田野，
就連在公園或大樓住
宅區內的林蔭道上，
都很容易找到蟬。

找蟬就像吃飯一般輕鬆簡單～

那個是寒蟬，牠們發出如樂器演奏般的華麗鳴叫聲。
而且寒蟬的體型比一般的蟬小。

這麼激昂的叫聲！！一定是寒蟬～

Yo!
嘶嘶～嘶
哎喲哎喲～

台灣蝦夷蟬的特徵是胸板上有W字紋路。

嘿～喞

請問您是台灣蝦夷蟬嗎？

生物圖鑑 TIP

嗨，你是蟬嗎？

你也是嗎？

台灣最大也是二級保育昆蟲的台灣爺蟬，
公蟬體長約49公釐，母蟬體長約39公釐。
草蟬是台灣體型最小的蟬，體長只有13～
16公釐。

採集重點 請記住蟬叫聲是「喞喞喞」喔！

難度 ★☆☆☆☆

華麗的終結者
桑寬盾蝽

我是蝽科界的超級明星！

YA～ 啾咪

絢麗的色彩和紋路，跟馬戲團的小丑很像！在韓國又稱牠為小丑蝽。

你還真華麗啊！你是昆蟲界的小丑？

新鮮感還在，美味～

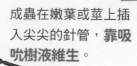

外貌長得有點嚇人，又會發出惡臭的蝽，但牠們也有華麗的一面！

身上散發出閃亮光澤的綠色有著鮮明的華麗紅色紋路。

成蟲在嫩葉或莖上插入尖尖的針管，靠吸吮樹液維生。

幼蟲和成蟲的紋路有點不同，幼蟲擁有更亮麗的光澤。

是寶石嗎？什麼東西呀

我們正在等待孵化！

閃閃

為華麗而生～那就是我！！

亮亮

- ☑ 分類 盾背蝽科
- ☑ 體長 約14～19公釐
- ☑ 食物 以樹木與灌木為食
- ☑ 棲息地 台灣西部
- ☑ 活動期間 4月～8月（以成蟲為準）
- ☑ 特徵 類似小丑外型的鮮豔紋路

雌蟲會在植物的葉子背面，產下好幾顆卵。

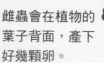

現在，讓我們放棄對蜷象的偏見，
一起來找找看擁有華麗外表的
桑寬盾蜷吧！

桑寬盾蜷常出現在灌
木、闊葉樹等樹上，
尤其喜歡在夏天出
沒，一起去找找看
吧！

大哥～闊葉樹的外觀長怎麼樣呢？

一般具有扁平、較寬闊的葉片，葉脈成網狀

即使不是活動時期的4月～8
月，也能見到幼蟲。如果找到
一隻，也許會一起發現周圍群
聚的數十隻！

生物圖鑑 TIP

蜷象以其被觸摸
時所發出的難聞
臭味而聞名，桑
寬盾蜷的臭味比
其他蜷象更淡。

和桑寬盾蜷非常相似的昆蟲，就是拉維斯氏寬盾椿象。
拉維斯氏寬盾椿象有兩個地方和桑寬盾蜷不同：紅色紋
路更細緻以及幼蟲身上有黑白相間的熊貓紋。

採集重點　在中部地區的樹林附近，見到牠們的機率比較高哦！　　難度 ★★★☆☆

櫟長頸象鼻蟲

嘿，你看看我，長得很像鵝吧？就是因為這長長的脖子！

象鼻蟲之～王～？

韓國共有60多種捲葉象鼻蟲科，其中體型最大又稱為「捲葉象鼻蟲」。

嘶嘶

我的脖子可不比你短哦！哈

像這樣切、那樣捲起來，就完成搖籃了～～

吭吭

身體側面的黃色斑紋，很容易與其他種類區分。

綽號是「森林裡的裁縫師」。雌蟲用樹葉把卵緊緊地包裹住，用樹葉做的搖籃非常厲害，因而得到這個綽號。

我的黃色斑紋帥吧！

啃慢一點啦～那是房子耶

呃！

搖籃不僅是我的房子，也是我的食物！

- ☑ 分類 捲葉象鼻蟲
- ☑ 體長 約8～12公釐
- ☑ 食物 櫟樹等各種闊葉樹之樹葉
- ☑ 棲息地 韓國、日本、中國等
- ☑ 活動期間 5～9月
- ☑ 特徵 長得像鵝的細長脖子

製作一個搖籃需要花2個小時左右的時間，我可是投入很多心血的。像這樣捲成一層一層的搖籃裡裝著黃色的卵，孵化後的幼蟲就靠啃食樹葉做的搖籃長大。

長得像鵝的櫟長頸象鼻蟲，
是樹林裡的裁縫師！體型雖小，
但在生活周遭比想像中更容易發現。

在捲葉象鼻蟲中，最容易見到的
就是櫟長頸象鼻蟲。除了冬天之
外，大家隨時都可以找到牠們。

太熱了…除了冬天，其他季節都能看到牠，我等秋天再去吧！

櫟長頸象鼻蟲以各種闊葉樹
為生活基地，主要喜歡會結
橡子類果實的櫟樹葉子。在
櫟樹生長的山上，仔細觀察
一下矮小櫟樹的葉子吧！

我的體型很嬌小，很難找到的！哈哈

到底在哪裡啊？
ヽ（￣ ￣）ノ

找到櫟長頸象鼻蟲的訣竅

請找找看櫟長頸象鼻蟲的搖籃！這種蟲有一種習性，
就是在產卵後用樹葉製作成搖籃，再掉落在地上。因
此，櫟長頸象鼻蟲會棲息在掉落在地的搖籃中。

呵呵呵～我又找到了這麼多了

生物圖鑑 TIP

小心打開兩個捲起的搖籃！裡面
會有很多黃色卵或幼蟲。

新世界耶！

採集重點　請試著找找看掉在地板上的搖籃！　　難度 ★★☆☆☆

這是樹枝，還是昆蟲？

我曾經聽說，有長得和樹枝一模一樣的昆蟲。

牠之所以叫做竹節蟲，是因為腹節長得和竹子很像。

如何？我長得很像竹子本人吧？

咦？不是幼蟲，是成蟲的樣子

我真的很聰明，可以隨著環境改變身體的顏色，也可以模仿風中樹枝搖晃的樣子。

我無需經過蛹的階段，就可以完全蛻變，從卵裡孵化出來就和成蟲的外型很像。

嘿咻

有跟我一樣聰明的昆蟲嗎？

自吹自擂～

☑ 分類 竹節科
☑ 體長 約100公釐
☑ 食物 各種闊葉樹的葉子
☑ 棲息地 韓國、日本
☑ 活動期間 6月底～11月上旬（以成蟲為準）
☑ 特徵 偽裝成樹枝

全世界約有2,500種竹節蟲。
每種竹節蟲的卵都長得不一樣。

想知道一件驚人的事嗎？我們可以在沒有雄蟲的情況下產卵，即所謂的單性繁殖。而且一隻雌蟲的產卵量多達600多顆，超級多的！

你可以沒有我嗎？

我是擁有粉紅翅膀的竹節蟲！這是我的卵，不要動！

沒有你，我也可以過得很好～

長相與樹枝非常相似，
而且卵的外觀也十分獨特！
讓我們去樹林裡看看這種神奇的竹節蟲吧！

如果去茂密的闊葉樹林，
看到竹節蟲的機率更高。
春天到秋天都可以看到，
但春天大多是幼蟲，7月
起比較容易看到成蟲。

我想看到成蟲，
所以最好7月再
去尋找啦～

在橡樹類的葉子或樹枝上
發現的機率很高。本來就
是擅長偽裝的昆蟲，即使
在眼前，也不易被看見。
若樹葉有被竹節蟲啃食的
痕跡，就仔細找找看吧。

這位～比想像中
敏銳嘛！

有被啃食
的痕跡……
是竹節蟲嗎？

竹節蟲每隔一段時間就會大爆發。
如果新聞裡出現關於竹節蟲大出沒的報導，不妨去看看吧！

生物圖鑑 TIP

請小心地翻找樹木底下的泥土，
應該也能發現到小小顆的蟲卵。

哇！那個
是…我不太
想知道！

長得很像植
物的種子！

採集重點　若盲目地尋找可能很難找到，所以要留意集體出沒的報導！　　難度 ★★★☆☆

會用14種聲音唱歌的昆蟲！

大黑豔蟲

請參考推薦影片！

什麼？有會唱歌的昆蟲？

大黑艷蟲的外型長得像高砂深山鍬形蟲，但牠和鍬形蟲毫無關係哦！

> 要不要聽聽看我唱歌？

> 說牠是高砂深山鍬形蟲的雙胞胎但又不是高砂深山鍬形蟲？！真是令人一頭霧水啊～

交配後，雌蟲在枯死的樹皮周圍產下散發綠光的卵。

> 長得好像豌豆！

仔細看的話，我和高砂深山鍬形蟲長得不太一樣！我的體型長而扁平，下巴也偏小，黑色的身體閃閃發亮！

卵孵化的幼蟲與會母親一起生活，以樹屑為食成長。

> 好好睡吧！我的孩子～

> 翅鞘有長條形的紋路

我會搓揉腹部，發出各種聲音！可以發出多達14種聲音，很神奇吧！我們用這些聲音溝通！

> 高砂深山鍬形蟲跟我一起玩吧！

> 真是從頭到腳都很神奇的昆蟲

- ☑ 分類 黑艷蟲科
- ☑ 體長 約25公釐
- ☑ 食物 枯死樹木的樹皮和樹屑
- ☑ 棲息地 除台灣外也分布在中國、中南半島、馬來半島、菲律賓和印尼等地
- ☑ 活動期間 4～9月
- ☑ 特徵 在橢圓形的扁平翅鞘上有長形的線紋，發出嘶嘶聲

我生活在枯死的櫟樹或茅栗樹皮下。在這裡吃樹屑，除了移動棲息地的時間外，我一輩子都活在樹皮下！體型呈扁平狀也是為了方便在樹皮下走動！

> 我只想宅在家……

發出14種聲音的神祕昆蟲！
要如何找到大黑艷蟲呢？

TV生物圖鑑
採集昆蟲 LIVE

大黑艷蟲廣佈在台灣低海拔到中海拔山區，夏天可在山區的路燈下看到趨光的個體，受到威脅時會摩擦後翅和腹部發出嘶嘶聲。

去田野調查一下吧～

仔細觀察腐爛的樹皮，就可以發現牠們的蹤跡！

大黑艷蟲通常從春天活動到秋天，冬天以成蟲的樣子過冬。活動和冬眠都是在腐爛的樹皮中進行。

一起到我家過生活吧～

在我家好好生活吧～

請餵我吃好吃的樹木

大黑艷蟲很容易飼育，只需在發酵的木屑中加入產卵木，即可輕鬆繁殖！
成蟲和幼蟲都吃發酵的木屑，所以不必個別餵食！

生物圖鑑 TIP

大黑艷蟲雖然主要生活在樹皮裡，但經常可以看到飛來飛去或掉在地面的大黑艷蟲。

久違的打扮出門去囉～(￣▽￣)

採集重點　仔細看一下山區樹林裡面的樹皮，也許就會發現哦！　　　難度 ★★★☆☆

在額頭上裝了盾牌！
高砂深山鍬形蟲

韓國體型最大的鍬形蟲
對馬扁鍬形蟲

最帥的人氣王
日本大鍬形蟲

好飼養的入門鍬形蟲
兩點赤鋸鍬形蟲

你們贏不了的打鬥高手！
獨角仙

五月的樹林之王
寬頻鹿花金龜

五彩繽紛的寶石昆蟲
日銅鑼花金龜

擁有圓圓的可愛斑點
白點花金龜

體型最大的天牛
大山鋸天牛

五種美麗色彩的日本國蝶
大紫蛺蝶

強而有力的堅固盔甲！
大褐象鼻蟲

請注意！亞洲最危險的昆蟲之一
大虎頭蜂

試著在樹液中找找看吧！

在額頭上裝了盾牌！

高砂深山鍬形蟲

請參考推薦影片！

「高砂深山鍬形蟲」是正式名稱嗎？

是的，沒錯。
一般稱為「高砂深山鍬形蟲」或「鍬形蟲」。

名字是不是取得太隨便(ー_ー;)

我的頭部下緣中央凹陷，兩邊呈耳狀突起，又稱「大圓耳鍬形蟲」。

其特徵之一，就是全身覆蓋短而柔軟的金毛。

喔，看到了一些金毛

- ☑ 分類 鍬形蟲科
- ☑ 體長 約30～72公釐
- ☑ 食物 幼蟲 腐爛的闊葉樹之木質
  　　　 成蟲 櫟樹的樹液
- ☑ 棲息地 台灣海拔500～1800公尺山區，日本關西、伊豆群島的林間
- ☑ 活動期間 6～9月
- ☑ 特徵 額頭上方的盾形突起

高砂深山鍬形蟲的下巴有「頭上的大鉗子」之稱，而且看起來就像是梅花鹿的角，所以在韓國稱牠為花鹿蟲。

一提到「我」，就聯想到「魅力四射的高砂深山鍬形蟲」。

啊？像我一樣漂亮嗎？

沒有你漂亮啦！

關於雌蟲

雌蟲的下巴很短，雖然短，卻十分厚實。

為什麼甩不掉……！

牠們大多生活在樹上，**擁有鋒利的爪子**，可以輕鬆地附著在樹皮上！

不小心被咬到時，可是很難甩開的～痛

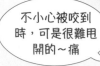

40

頭上有酷炫盾形突起的高砂深山鍬形蟲！
來見見這位迷人的朋友吧！

為了見到高砂深山鍬形蟲，我們必須去到較涼爽的地區或高山。但其他的鍬形蟲，如對馬扁鍬形蟲等，只要在市中心附近的低矮山丘上就可以見到。

為了見到高砂深山鍬形蟲，久違地爬一下山吧！

還真的順利爬上來了！呵呵

6月底到7月中旬最容易發現，可以在櫟樹的樹液中發現他們蹤跡。他們主要喜歡蒙古櫟、枹櫟和槲樹。

不可以隨便搖樹！樹上可能有黃蜂或毒蟲，所以要小心啊！

搖啊　搖啊

禁止

雖然是夜行性昆蟲，但白天也可以發現吸吮樹液的高砂深山鍬形蟲。輕輕搖動樹木時，睡午覺的高砂深山鍬形蟲有時也會掉落下來。

生物圖鑑 TIP

太熱的話，我會死翹翹（┬_┬）

高砂深山鍬形蟲是棲息在陰涼的地方。在家裡飼育時，室內溫度不可以高於25度，請注意！

採集重點　也有很高的機率會掉落在高山周圍的路燈下！

難度 ★★★☆☆

韓國體型最大的鍬形蟲

對馬扁鍬形蟲

請參考推薦影片！

☆威風 凜凜☆

身體像被壓扁一樣寬大，所以在韓國稱為**寬扁花鹿蟲**。

哇～真羨慕那寬闊的背部

靠吸吮櫟樹類中流動的樹液為生。用**長有橘黃色毛的舌頭**舔樹液。

是棲息在韓國的16種鍬形蟲中體型最大的。

沒有樹液，我會活不下去！

看好～哥哥們正在對戰！

咯咯

頭上長了一雙又大又酷的下巴。雄蟲的下巴特別長，內側有長得像鋸齒狀的突起。用這個下巴和競爭對手打鬥，並與雌蟲爭奪食物。

- ☑ 分類 鍬形蟲科
- ☑ 體長 約30～85公釐（以野生為準）
- ☑ 食物 幼蟲 腐爛的闊葉樹木質 成蟲 櫟樹的樹液
- ☑ 棲息地 韓國、日本、中國等
- ☑ 活動期間 5～9月
- ☑ 特徵 黑色軀幹部，寬大體型

關於雌蟲

雌蟲長得和雄蟲完全不一樣，有圓滾滾的體型和短短的下巴。

絕對不能小看我的下巴！小而勇啊！！

42

韓國體型最大的對馬扁鍬形蟲，
也是日本國產體型最長的扁鍬，
要去哪裡才可以看到呢？

對馬扁鍬形蟲主要棲息在長滿櫟樹的樹林。可以在5月至9月之間發現牠們的蹤跡，活動最旺盛的期間是盛夏6月至8月之間。

因為是夜行性昆蟲，所以最好晚上出去尋找。但是晚上一個人進樹林很危險，一定要找大人一起去哦！

生物圖鑑 TIP

在韓國首爾，對馬扁鍬形蟲被指定爲保護動物，因此，在首爾絕對不可以採集。

首爾以外的其他地區，可以放心採集～

並不是說白天不能看到對馬扁鍬形蟲，白天牠們會隱藏在樹洞裡或者樹根附近的落葉底下，請小心掀開樹下的落葉看看吧！

採集重點　白天先去找櫟樹流著樹液的地方，晚上再去可能就可以採集到！　　難度 ★★☆☆☆

43

最帥的人氣王

日本大鍬形蟲

我們是最強的！
跟我爬到樹上吧！

所有的鍬形蟲當中我最
擅長打架！

不僅力氣大，也長
得帥的主角！

體型大，下巴
壯！完全是我
的菜啊～

是鍬形蟲當中壽命較
長的，成蟲後可以存
活三年以上。

怕怕

孩子們，
謝謝你們活這麼
久！(╥﹏╥)

不能呼吸！

※注意！乍看之下和
對馬扁鍬形蟲差不多
吧？但與內齒長又多
（牙齒）的對馬扁鍬
形蟲不同，我只長了
一顆大內齒。

- ☑ 分類 鍬形蟲科
- ☑ 體長 約33～77公釐（以野生為準）
- ☑ 食物 幼蟲 腐爛的闊葉樹木質 成蟲 櫟樹的樹液
- ☑ 棲息地 韓國、日本、中國
- ☑ 活動期間 5～9月
- ☑ 特徵 圓潤的下巴

在昆蟲愛好者中很受歡
迎。據說一隻80公釐的
雄日本大鍬形蟲，在日
本曾以3百萬元成交。

關於
雌蟲

雌蟲的翅鞘上有好幾條線
紋。這些線紋與其他雌鍬
形蟲能明確的區別。

太誇張了吧！
1隻昆蟲
3百萬元？

嘿嘿嘿
我與眾不同～

3,000,000

鍬形蟲中人氣最高的日本大鍬形蟲！
在大自然中容易找到牠們嗎？

日本大鍬形蟲的棲息範圍雖然很廣泛，但不代表就可以常常見到牠們，所以從現在起就集中精神尋找吧！

來來來～如果想要看到日本大鍬形蟲～要仔細聽我說～

找我？

日本大鍬形特別喜歡高大、粗壯的老櫟樹。因此，如果你到擁有很多50年以上櫟樹的樹林裡，看見日本大鍬形蟲的機率就會很高！

我超喜歡高大、粗壯的櫟樹

5月沒有什麼競爭者，可以輕鬆地放空躺平啦～

從5月至9月一直在活動。在低窪地帶的櫟樹樹液中，在競爭對手對馬扁鍬形蟲開始活動前的5月份較容易發現。

生物圖鑑 TIP

最近因過度採集日本大鍬形蟲，導致數量變少，所以越來越難見到。

隨意採集NO！這是破壞大自然的行為

採集重點　去有很多老櫟樹的樹林找找看！

難度 ★★★★☆

兩點赤鋸鍬形蟲

請參考推薦影片！

這裡和那裡！

兩點赤鋸鍬形蟲易繁殖飼育，是新手飼養的入門品種

蛤？

打勾勾！我保證絕對不會再來捉你了~

我們顏色多變，從淺黃、金黃到甚至深褐色都有。

我是胸板兩側，刻着兩個黑色斑點的兩點赤鋸鍬形蟲。

因此，野生的牠瀕臨滅種，所以卽便在郊外發現，也請不要探集！

橘黃色最閃亮啦

唉~過了這個夏天，我就…

鍬形蟲大部分是深色的，但我是明亮的橘黃色，所以很容易一眼區分出來。背部的翅鞘接合處有明顯黑色條紋。

成蟲的壽命很短，只能存活一個夏季，在繁殖之後就會死掉。

- ☑ 分類 鍬形蟲科
- ☑ 體長 約35~70公釐（以野生為準）
- ☑ 食物 幼蟲 腐爛的闊葉樹木質 成蟲 櫟樹的樹液
- ☑ 棲息地 韓國、台灣
- ☑ 活動期間 5~9月
- ☑ 特徵 橘黃色上有兩個黑點

關於雌蟲

雌蟲也像雄蟲一樣，橘黃色胸板上有兩個點。

哇~完全就是俊男美女耶

46

如此絢麗又帥氣的橘黃色兩點赤鋸鍬形蟲！
如果我去濟州島旅行，能見到你嗎？

在韓國如果想要見到橘黃色兩點赤鋸鍬形蟲，一定要去濟州島。
住在濟州島的人很常看到牠們吧？

走吧～我們來去找兩點赤鋸鍬形蟲吧～

6月底至8月初是牠們活躍的期間。這時造訪濟州島的話，見到的機率會更高。牠們雖然最喜歡櫟樹，但在朴樹、野梧桐等茂密樹林的樹液中，也許能見到。

好吃
美味
茂密樹林裡的樹木上，樹液也很多～～

如果在樹液附近找不到牠們，就搖搖看正流著樹液的樹木。在樹上休息的兩點赤鋸鍬形蟲可能因為驚嚇，而掉落到地上。

啊！是地震嗎？快跳下去！！
搖啊
搖啊

觀察重點　請仔細找找看闊葉樹的樹液！　　　難度 ★★★☆☆

獨角仙

我是櫟樹樹液池裡的最強者。
是體型較大的金龜子科兜蟲亞科甲蟲。

最有魅力的阿蟲是我～

光看就能感受到強大的力量！！

看我的～

哇！超強

外表與體型都霸氣十足的「獨角仙」，也可以叫作「仙」或「台仙」。

多虧了我粗壯結實的腿部，才能緊緊抓附在樹上，不會輕易掉落下來。

這個又大又酷的角，就是我銳利的武器

不～

嘿咻～

已經吸過樹液的我！變身金剛仙

努力搖一百天看看！你加油吧！

搖呀 搖呀

掉落下來吧！

額頭上的長角是雄性標誌。
角末梢分裂成四個寬寬的分枝，把角放在對方肚子戳下去吧！

我的壽命只有3～4個月，在交配和產卵結束後的夏天，就會離開人世。

☑ 分類 豔金龜科
☑ 體長 約40～82公釐
☑ 食物 幼蟲 腐爛的闊葉樹木質，腐葉土
　　　 成蟲 闊葉樹的樹液
☑ 棲息地 韓國、日本、台灣、中國等
☑ 活動期間 6～8月
☑ 特徵 如坦克般的體型，長角末梢分裂成四個分支！

嘴巴看起來像有一束橘黃色的毛，用嘴沾樹液再吸吮。

吸吸 呀呀

酸酸甜甜，我最愛的樹液～

再見！各位～我要去找我的幸福了…

昆蟲界的天下壯士獨角仙！
可以在大自然中找到這種大型昆蟲嗎？

獨角仙原本是比較難見到的昆蟲。但是隨著飼養的人越來越多，再加上自然環境也變得適合牠們居住，所以在許多郊區都可看到獨角仙。

這次終於不用跑太遠了！喔耶～

狂吃　爆吃

我是一個超級大胃王，可以經常看到我爆食的樣子～

7月中旬至8月初，在櫟樹林中可以找到最健康、最活躍的獨角仙。牠們通常聚集在樹液中和果樹上。

透過陷阱來引誘獨角仙！

使用過的食物陷阱，最後不要隨意丟棄哦！

將香蕉、鳳梨等糖分高的水果，放入網袋或絲襪中，並掛在樹上。之後晚上再去觀察，也許就可以看到正在享用的獨角仙！

生物圖鑑 TIP

如果你採集到雌蟲，可以讓牠在家裡產卵、孵化！

好想見到你的BABY！

在飼育箱裡放入木屑和雌蟲，一個月後就可以看到白色的蟲卵和幼蟲！

採集重點　不僅觀察櫟樹樹液，就連果園的果樹也可以仔細觀察一下。　　難度 ★★☆☆☆

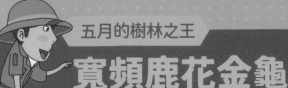

五月的樹林之王
寬頻鹿花金龜

請參考推薦影片！

名字雖是寬頻鹿花金龜，事實上更接近花金龜亞科，而不屬於豔金龜科。

嗨，麻吉！

叫我嗎？

雌蟲是黑色的，而且沒有角，外表看起來和雄蟲完全屬於不同種類。但在遭到威脅時，雌蟲和雄蟲一樣前腳會立起來，因此這隻雌蟲也是寬頻鹿花金龜！

牛奶光澤的寬頻鹿花金龜，我愛你！

是在韓國的花金龜亞科中，**唯一擁有白色軀幹的花金龜**，像台灣鹿角金龜，但台灣的體背呈灰褐色或黃褐色。

喂～我也是寬頻鹿花金龜耶！

是嗎？

- ☑ 分類 花金龜亞科
- ☑ 體長 約22～42公釐
- ☑ 食物 櫟樹、春榆等闊葉樹的樹液
- ☑ 棲息地 韓國、中國等
- ☑ 活動期間 5月中旬～6月初
- ☑ 特徵 在白色底色上有個尖尖的雙叉紅色觸角，受到威脅時前腳會立起來

寬頻鹿花金龜的**外翅是呈閉合的狀態**，只藉由振動內翅飛翔。其特徵就是頭部泛著紅色光澤。

頭上長著**紅色的觸角**。但這個角是由外骨骼變形而來的，不會咬人也不會動。

嗨！

看起來很危險，但不會咬人耶，嘿嘿～

像這樣閉合的外翅，如果可以飛翔的話，飛行速度應該會更快！

寬頻鹿花金龜看起來很像是
高砂深山鍬形蟲,也很像獨角仙。
我們一起去尋找牠們吧!

寬頻鹿花金龜與高砂深山
鍬形蟲或獨角仙不同,因
為數量不多,所以之前很
難找到,但是最近比較容
易找到。

主要在5月中旬至6月
初可以觀察到,但7
月偶爾也可以見到!

白天可以在樹林裡找找看櫟樹的汁液,就有可
能看到寬頻鹿花金龜。還有,這些朋友非～常
喜歡香蕉啊!

採集重點　5月下旬在櫟樹樹林裡,擺放一些香蕉試試吧!

難度 ★★★☆☆

日銅鑼花金龜

是蠦金龜嗎？不是的！
我的真面目是什麼呢？

**我是誰很好奇吧！
你很想知道吧？**

名字是日銅鑼
花金龜啦～

蠦金龜是日銅鑼花金龜
的縮寫吧？並不是！和
蠦金龜無關，蠦金龜是
金龜子科，我屬於花金
龜亞科。

什麼？

想當跟屁蟲？
可以試看看啊

不愧是花金龜亞科
的昆蟲，飛行時會
將翅鞘摺起，只展
開內側翅膀飛行。
在鞘翅目昆蟲中，
**以飛行能力最佳
而聞名！**

嗖～

嘿

嘿

頭部呈方形，身體中間
的倒三角形「小楯板」
十分發達。

以高超的飛行能力穿
越廣大範圍，尋找酸
酸甜甜的樹液。

- ☑ 分類 花金龜亞科
- ☑ 體長 約23～30公釐
- ☑ 食物 闊葉樹的樹液、水果
  的汁液等
- ☑ 棲息地 韓國、日本、中國等
- ☑ 活動期間 6～10月
- ☑ 特徵 方形臉蛋和大型小楯
  板，絢麗的色澤

大快

朵頤

讚啦，這裡真是
樹液美食店耶！

牠們和同是花金龜亞科的
寬頻鹿花金龜不同，需要
以前腳來辨識雌雄。

如果前腳較纖
細、刺突少，就
是雄蟲！

如果前腳粗壯、
刺突多，
就是雌蟲！

外型像五彩寶石的昆蟲，
就是日銅鑼花金龜！
今天能找到什麼顏色的日銅鑼花金龜呢？

TV生物圖鑑
採集昆蟲 LIVE

日銅鑼花金龜生活在許多地區，如果去櫟樹林中，可以很快地找到牠們。從6月下旬到7月中旬是活動最旺盛的期間。

氣溫開始升高了，是時候去找日銅鑼花金龜囉！

哇～聞到甜甜的水果香味耶？

來啊，呵呵！這麼甜的水果很難得能吃到哦！

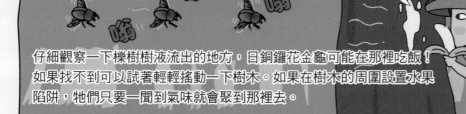

仔細觀察一下櫟樹樹液流出的地方，日銅鑼花金龜可能在那裡吃飯！如果找不到可以試著輕輕搖動一下樹木。如果在樹木的周圍設置水果陷阱，牠們只要一聞到氣味就會聚到那裡去。

哇啊！發現新的顏色！

隨著地區和個體的不同，會呈現紅色、藍色、綠色等各種顏色。來觀察不同地區的日銅鑼花金龜吧！

生物圖鑑 TIP

也有只在濟州島才能發現的日銅鑼花金龜，那就是「濟州青藍色日銅鑼花金龜」，其特徵是全身呈深藍色。

想看我的話，請到濟州島來～

採集重點　可以在日銅鑼花金龜飛行的地方，安裝水果陷阱。

難度 ★★☆☆☆

擁有圓圓的可愛斑點

白點花金龜

我的白色紋路怎麼樣？很華麗吧？

狂吸

外型長得跟日銅鑼花金龜差不多吧？

目銅鑼花金龜和我是表兄弟！

因為全身都有白點，所以又叫作「白點花金龜」。

是在白天活動的**晝行性昆蟲**，以吸吮**闊葉林和果樹的樹液**過活。

全身都散發著光澤。隨著個體的不同，有**綠色、古銅色、紫色**等多種色澤。

幼蟲身上體毛多、體型嬌小。特徵是把牠們放在地上時，牠們會**腳朝上，用背部爬行**。

金光閃閃唷～

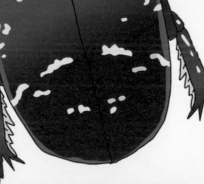

嬌動 嬌動

扭呀！扭呀！用背部爬行的實力，有誰比我強！

- ☑ 分類 花金龜亞科
- ☑ 體長 約17～22公釐
- ☑ 食物 闊葉樹的樹液、水果的汁液等
- ☑ 棲息地 韓國、日本、俄羅斯等
- ☑ 活動期間 5～10月
- ☑ 特徵 圓潤的體型和全身白色的紋路

如何辨別雌雄呢？其實很簡單！

把肚子翻過來看，中間凹進去的是雄蟲，凸出來的是雌蟲。

雄蟲　　　　雌蟲

如果想要看到可愛迷人的白點花金龜，該去哪裡找呢？

TV生物圖鑑
採集昆蟲 LIVE

白點花金龜和日銅鑼花金龜一樣，是比較容易找到的昆蟲。

今天要去哪裡尋找白點花金龜？

在陽光普照的白天，到橡樹流出樹液的地方找找看。牠們喜歡酸酸甜甜的樹液，使用香蕉等水果作為陷阱，就可以採集到！

哇，香蕉好香喔！

據說白點花金龜是可以食用的昆蟲？

不！雖然沒吃過，但也不想知道是什麼味道～

想知道那是什麼味道嗎？

白點花金龜的幼蟲，被記錄在一本名為《東義寶鑑》的韓國古醫書裡，牠們被廣泛用於藥材和食物。作為藥材出售的幼蟲，大多數是白點花金龜的幼蟲。

生物圖鑑 TIP

白點花金龜十分好飼育。如果在裝滿發酵木屑的桶中，放入一對雌蟲和雄蟲，就可以輕鬆培育出幼蟲了。

採集重點　會比日銅鑼花金龜更容易看到！　　　難度 ★★☆☆☆

大山鋸天牛

我是目前在韓國**體型最大**的昆蟲。

天啊！
MY GOD

昆蟲怎麼
會這麼大？

我是昆蟲
界的老大

1968年韓國把牠指定為天然紀念物218號。主要棲息在韓國廣陵樹木園一帶，以及中國東北和西伯利亞，其它地區很少發現其蹤跡。

據說在這裡可以
找到大山鋸天牛？

廣陵樹林

- ☑ 分類 天牛科
- ☑ 體長 約80～120公釐
- ☑ 食物 幼蟲 千金榆、蒙古櫟
  等腐爛的木質
  成蟲 闊葉樹的樹液
- ☑ 棲息地 韓國、俄羅斯、中國等
- ☑ 活動期間 7～8月
- ☑ 特徵 巨大的軀幹部，胸板
  上有黃斑

孵化的幼蟲，在大自然中生活了
5～7年，終於成為成蟲。

若要辨別牠和其他大型天牛、大山鋸天牛之差異性，只需辨別**胸板上是否有鮮豔的黃色斑點。**

離畢業還
有6年的
時間。

觸角除外的體長
若超過8公分，且胸
板上有黃色斑點，
就是大山鋸天牛

幼蟲的體型也是非常巨大！
較大的重量可達50公克以上。

像人類手掌般
大小的幼蟲，
這是第一個…

漸漸消失的稀有昆蟲——大山鋸天牛！
如果想找到大山鋸天牛，該怎麼做呢？

大山鋸天牛在韓國瀕臨絕種，被列為一級保育類野生動物。因此，對大家來說，在野外遇見牠們，也是一件十分困難的事情。

現在因為牠們可棲息的區域減少，偶爾只會在韓國京畿道的廣陵樹木園裡被發現。如果看到大山鋸天牛，千萬別去觸碰牠喔！

有一個好消息！最近大山鋸天牛也採用人工方式養殖，如果想見到大山鋸天牛，去一些昆蟲生態館也是不錯的方法！

嚴格禁止採集、收藏及交易大山鋸天牛。

觀察重點 在大自然裡找到牠們的機率極低。　　　　難度 ★★★★★

大紫蛺蝶

喂，那位大叔！你可再靠近一點！

躡手躡腳

小心翼翼～

1、2、3、4、5！哇～真的有五種顏色耶

覺得我美嗎？我的大翅膀上有**五種顏色**喔！

我也知道我很美～

整個翅膀上都被**黃點和白點**給填滿了，兩側後翅末梢上有著鮮明的**紅點**。

通常大家都以為蝴蝶會聚集在花叢中，但牠們不聚集在花叢中。而是以**吸吮櫟樹的樹液或果樹的果液**維生，有時也會在動物糞便中被發現。

嘔

誇張！你都不便便的嗎？

這就是大紫蛺蝶的時尚！

雄蟲翅膀上有5種顏色，而**雌蟲身上少了藍色**，只有4種顏色。

主要產卵在朴樹或朴樹的樹枝上。蟲卵會在第二年春末至初夏間變成幼蟲，夏天再蛻變成成蟲化為蝴蝶。

咦？所以只有雌蟲叫作「大紫蛺蝶」嗎？哈哈～

- ☑ 分類　蛺蝶科
- ☑ 體長　約50～60公釐
- ☑ 食物　幼蟲 朴樹、日本朴樹
　　　　　成蟲 樹木的樹液、果液等
- ☑ 棲息地　日本、韓國、中國、台灣北部和越南北部等
- ☑ 活動期間　6月中旬～8月初
- ☑ 特徵　五種顏色的大翅膀

嘿咻

終於蛻變成蝴蝶，展翅高飛啦！

翅膀不用太花俏好嗎？

尋找看看！
擁有巨大的五種美麗色彩翅膀的大紫蛺蝶！

大紫蛺蝶分佈於我國北部地區，與一般的蝴蝶不同，牠們生活在茂密樹林中，所以需要到樹林而不是草原尋找！

好久沒去樹林了！長褲和長袖是必備的！

一般從6月20日至7月初，是迎接帥氣的大紫蛺蝶之最佳時機。如果到成蟲喜歡的櫟樹、幼蟲喜歡的朴樹等樹林裡，見到牠們的機率就會提高。

成人才喝的櫟樹樹液～讚啦

哼哼

我們小孩喜歡朴樹、日本朴樹啦

咻！

呼 呼

咻～

真是的～好累！

觀察正在吸吮樹液的大紫蛺蝶最輕鬆。到了下午，雄蟲會為了吸引雌蟲和佔領某個區域，而加快飛行速度，就很難抓到。

生物圖鑑 TIP

如果發現一隻大紫蛺蝶飛來飛去時，就把具腥味的魚罐頭放在附近並遠遠觀察，聞到腥味的大紫蛺蝶就會聚集。

禁止

記得要一定要回收所放置的罐頭！以免污染環境。

採集重點 ─起來觀察聚集在櫟樹或動物排泄物上面的大紫蛺蝶吧！ 難度 ★★★☆☆

強而有力的堅固盔甲！
大褐象鼻蟲

整體看起來就像花生殼，顏色也是和花生差不多的棕色，軀幹上有黑色和黃色的線紋。

慢吞吞的
這是誰啊？

第一次看到這麼大隻的吧？我是會趨光的象鼻蟲中體型最大的

有這麼大的象鼻蟲嗎？

哩厚啊～

外觀雖像花生～還是很帥氣吧～

????

全身布滿了凹凸不平的突起，臉部有長長的嘴也是特徵之一。

呵呵

光看臉蛋，就知道是象鼻蟲

肢節內側發展成鋒利的鉤狀，可以緊緊地附著在任何地方。

花器

好不容易找到你！

- ☑ 分類　象鼻蟲科
- ☑ 體長　約15～35公釐
- ☑ 食物　幼蟲　樹木的木質
- 　　　　成蟲　樹木的樹液
- ☑ 棲息地　韓國、日本、台灣等
- ☑ 活動期間　5～9月
- ☑ 特徵　類似於花生殼的軀幹部，狹長型嘴巴

從春天到夏天，雌蟲會聚集在櫟樹等樹液中覓食，在枯樹上產卵。

這是下蛋好地方

哇～真的好像石頭喔！

多虧了堅固的盔甲，我才擁有巨大的防禦能力。我的軀幹很堅硬，用一般力氣是無法打碎的。

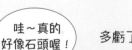

60

試著尋找身體極其堅硬的昆蟲
—— 大褐象鼻蟲。

有很多可以見到大褐象鼻蟲的方法，
但最簡單的方法就是找到櫟樹樹液！
許多昆蟲喜歡的櫟樹樹液，對大褐象
鼻蟲也是具吸引力的食物。

櫟樹你啊～
原來在昆蟲之間，是最有人氣的啊？
呵呵呵
太受歡迎也很麻煩呢！

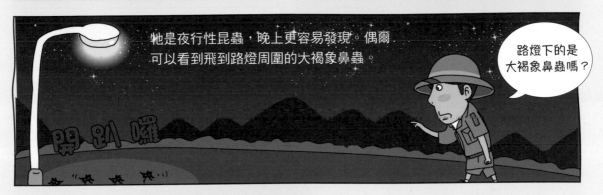

牠是夜行性昆蟲，晚上更容易發現。偶爾，
可以看到飛到路燈周圍的大褐象鼻蟲。

路燈下的是大褐象鼻蟲嗎？

我最喜歡枯樹！

即將產卵的大褐象鼻蟲會去尋找枯樹。因此，可
以看到大褐象鼻蟲躲藏在枯死的松樹或櫟樹上。

生物圖鑑 TIP

在米桶裡發現的昆蟲是象鼻蟲？
有米蟲之稱的米象鼻蟲，和大褐象鼻蟲
一樣都屬於象鼻蟲科！

嗚啊！
你為什麼從那裡跑出來？
沙沙沙

採集重點　可以觀察看看酸酸的櫟樹樹液。（也許也可以看到高砂深山鍬形蟲。）　難度 ★★☆☆☆

大虎頭蜂

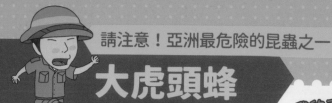

我的天啊！

這是蜜蜂還是野獸啊～

聽說牠叫大虎頭蜂？

嚇死人了啦！

嗡嗡嗡

抖 抖

我是胡蜂科昆蟲中**最孔武有力的大虎頭蜂**，體型比一般胡蜂大兩倍以上。

總共有五顆眼睛。臉蛋正面有兩顆**複眼**，用這兩顆眼睛觀察事物。頭頂部分還有三顆外觀長得像斑點的**單眼**，用這三顆單眼檢測光的亮度！

單眼

複眼

哇，這巨大的振翅聲響是什麼？
大虎頭蜂要來了！大家快閃開啊！

嗡嗡嗡

喔呀呀

如果看到大虎頭蜂，一定要逃跑！

尾巴上有**令人畏懼的毒針**，不僅如此，可以用強而有力的下巴撕咬對方。

雜食性，以捕食小昆蟲過活，幼蟲以肉食為主。

哎呀，吃得真香！

真好吃啊！

平日在我們周圍發現的大虎頭蜂大部分是雌蜂，**雌蜂有強韌的毒針，但雄蜂沒有毒針！**

- ☑ 分類 胡蜂科
- ☑ 體長 約30～45公釐
- ☑ 食物 幼蟲 昆蟲等肉質
       成蟲 樹液、糖蜜
- ☑ 棲息地 分佈亞洲地區
- ☑ 活動期間 4～10月
- ☑ 特徵 橘黃色軀幹部、巨大體型，臀部上有黑色線紋

嗶嗶嗶

牠應該沒有毒針吧？

禁止

從外表很難分辨雄雌，請不要觸摸！

十分危險的大虎頭蜂，
光看都覺得恐怖，讓我們來
了解一下牠的活動範圍。

大虎頭蜂是亞洲最危險的昆蟲。大虎
頭蜂擁有巨大的軀幹部、粗暴的性
格、可怕的毒針，遇到時真的很危
險。所以如果先知道大虎頭蜂在哪裡
活動，就能事先做好準備！

今天是為了安
全地觀察而學
習的！

大虎頭蜂的活動期間很長，從早春4月至
秋天10月，都有可能在生活周遭遇到！
大虎頭蜂主要棲息在樹林和田
野，但移動力很強，所以在住處
四周隨時會遇到。

特別是在櫟樹樹液附近會發
現大虎頭蜂。發現大虎頭蜂
時，千萬別靠近。萬一受到
攻擊，要儘量採低姿勢，先
保護頸部和頭部。如果頸部
被螫到，氣管會浮腫起來，
就有生命危險。

生物圖鑑 TIP

如果被大虎頭蜂螫到，要立即叫救護
車或去醫院！可以的話先冰敷。

安全預防重點　　如果遇見大虎頭蜂，一定要趕快逃跑！！！！

嗷嗚～虎紋安裝完畢！
柑橘鳳蝶

在空中翱翔的黑色飛行員
翠鳳蝶

群蝶飛舞的美麗白蝴蝶
白粉蝶

危機的昆蟲！
紅珠絹蝶

飛行了數百公里的大型斑蝶
大絹斑蝶

照亮黑暗夜空的感動火光！
淡紅螢火蟲

擁有不同豔麗光澤的色彩和紋路！
異色瓢蟲

接招吧！看我的螳螂拳
中華大刀螳螂

青青草原上的迷你天牛
毛角多節天牛

黃蝴蝶啊
白蝴蝶啊
飛來這裡吧！

你是哪位？

試著在
草叢和花叢中
找找看吧！

柑橘鳳蝶

哎呀
喔，
有一隻～
柑橘鳳蝶～

不分男女老少，大家至少聽過我的名字一次吧！

我的虎紋翅膀會讓人聯想到帥氣的老虎。

別擔心！
我並不是
像老虎一樣的
可怕生物～

不！好髒啊～
誰的屎？

噁啊！

從1齡至4齡的幼蟲外觀，是深黑褐色的底色和白色紋路。利用身上的紋路，在樹葉上偽裝成鳥糞，以避開天敵。

背面

底面

名字和華麗的外表很相配

淺黃色底色搭配黑色線紋，後翅膀下方有藍色紋路和紅色斑點。

有個驚人的祕密！柑橘鳳蝶幼蟲一旦受到威脅，頭部就會突然冒出一個像角一樣的**臭角**。

啊，嚇我一跳！你不要突然冒出來！

☑ 分類 鳳蝶科
☑ 體長 約56～97公釐
☑ 食物 幼蟲 柑橘等芸香科植物
　　　　成蟲 各種花朵中的蜂蜜
☑ 棲息地 俄羅斯、日韓、中國、台灣、菲律賓、夏威夷等
☑ 活動期間 4～10月
☑ 特徵 虎紋的翅膀

幼蟲齡期共分為5齡，外貌會變得與以往截然不同。過去暗沉的顏色會轉變成明亮的綠色，頭部有一對酷似眼睛的圓形紋路。

真的脫胎換骨了！

飛行緩慢優雅、愛訪花的柑橘鳳蝶！
我們一起去觀察吧！

全年四季可見，柑橘鳳蝶最為人們所熟知！蝴蝶從春天開始活動至秋天，所以比較容易觀察到。

今天的昆蟲觀察可以少吃點苦頭了！

因為柑橘鳳蝶的成蟲會攝取各種花蜜，所以在山間、田野，甚至是附近的公園都能輕鬆找到。春天請留意大字杜鵑盛開的花叢，夏天則是卷丹、萱草（百合科植物）等花叢。

哇～真的在花叢中發現了！

哈～別被我們美貌迷昏了哦！

柑橘鳳蝶、黃鳳蝶、虎鳳蝶，我們是鳳蝶三劍客

因為柑橘鳳蝶的外表和黃鳳蝶長得很相似，所以很難辨別。如果翅膀內側呈黑色，泛着更深的黃色，就是黃鳳蝶。

生物圖鑑 TIP

柑橘鳳蝶在4～5月會羽化成蝶「春型」，6～9月會羽化成蝶「夏型」，兩者的體型大小不同，夏型比春型大1.5倍。

羽化是指從蛹化成有翅膀的成蟲

採集重點　　仔細觀察公園或田野的花叢中，也許就能發現哦！　　　難度 ★☆☆☆☆

翠鳳蝶

擁有一雙大翅膀的黑色蝴蝶，翱翔在天空的樣子，會令人聯想到燕子，也有人稱牠為「燕子蝴蝶」。

你猜我是鳥還是蝴蝶？

光看就知道~你是蝴蝶啊！

啊，不好意思！我以為是我朋友

哎呀！

和柑橘鳳蝶一樣分成春型和夏型，夏型也比春型的體型大1.5倍。

我的翅膀上覆蓋著**金色和綠色**的鱗片。後翅膀末梢有凸出的突起。

羽化

我先羽化為蝶的，但為什麼你比較大？

春型

就是嘛~你應該再多等會兒的

夏型

這些突起會聯想到燕子

連吃的植物也和柑橘鳳蝶很相似，就連幼蟲時的長相也和柑橘鳳蝶幼蟲幾乎一模一樣，我也屬於鳳蝶科，但身體上的紋路比柑橘鳳蝶多。

看起來和蛇有點像！

- ☑ 分類 鳳蝶科
- ☑ 體長 約40～75公釐
- ☑ 食物 幼蟲 黃檗、翼柄花椒、枳的葉子
  成蟲 各種花朵中的蜂蜜
- ☑ 棲息地 韓國、日本、台灣等
- ☑ 活動期間 4～9月
- ☑ 特徵 令人聯想到燕子，擁有一雙黑色大翅膀

| 雄蝶 | 雌蝶 |

後翅膀上側的邊緣有好幾個**半月形紋路**，雄蝶呈藍色、雌蝶呈紅色。

就像穿著一襲黑色禮服般的蝴蝶！
過去常被稱爲「烏鴉鳳蝶」，
任何人都可以輕鬆找到牠喔！

TV生物圖鑑
採集昆蟲 LIVE

翠鳳蝶分佈於全台中、低海拔山區，從4月中旬至9月的漫長期間，都是牠們的活動期間，所以比較容易觀察到。另外還擁有一雙巨大的黑色翅膀，非常顯眼。

哇！簡直是翠鳳蝶樂園！

哪裡有花，牠們就在那裡活動。特別是在大薊、迎紅杜鵑等花朵盛開的地方，可以輕而易舉地見到翠鳳蝶。如果仔細觀察翠鳳蝶產卵的枳、翼柄花椒等，或許也會看到正在啃食葉子的幼蟲。

幼蟲的顏色和樹葉一樣，所以很難看見

呵呵

俗話說：「燈下黑」啊，你這個傻瓜！

老實說，你是精靈吧？呵呵

另外還有擁有狹長形突起的長尾金鳳蝶；擁有短小突起的黑鳳蝶；以及像仙子一樣漂亮又小巧的青鳳蝶。

生物圖鑑 TIP

有從海外飛來的翠鳳蝶嗎？

發現的翠鳳蝶中，有從國外隨風飛來的白紋鳳蝶。在韓國稱這種從其他國家飛來的蝴蝶爲「迷蝶」，這些蝴蝶大多數在冬天無法飛翔。

採集重點　翠鳳蝶喜歡在迎紅杜鵑和卷丹花叢中出現。

難度 ★☆☆☆☆

群蝶飛舞的美麗白蝴蝶

白粉蝶

柑橘鳳蝶以外最為人熟知的蝴蝶之一，就是白粉蝶。

黃蝴蝶啊
白蝴蝶啊
飛來這裡吧！♪

你是哪位？

對我們來說，白菜園簡直是網紅景點～

別讓任何人知道我的存在…！

我是經常在白菜園裡被發現的白粉蝶，所以也會稱我為「白菜白蝴蝶」。

幼蟲身體爲綠色，和白菜葉顏色十分相近，也不易被天敵注意。

翅膀是白色牛奶般的色澤，很漂亮。其特徵是前翅膀末梢有三角形黑色紋路，翅膀中間有斑紋。

你好！朋友！

天使稱我朋友耶～

雌蝶會在白菜葉後側，產下直徑1公釐左右的白色小橢圓形卵。在葉子的後側產卵，可以避免被天敵發現，也能避免被太陽直射。

- ☑ 分類 粉蝶科
- ☑ 體長 約19～27公釐
- ☑ 食物 幼蟲 白菜、蘿蔔、甘藍等
　　　　成蟲 白菜、白三葉草花蜜
- ☑ 棲息地 亞洲、歐洲、北美
- ☑ 活動期間 4～10月
- ☑ 特徵 白色翅膀上的黑點

雄蝶　　　　雌蝶

我要告訴各位一個驚人的祕密！像我這樣的粉蝶，可以利用紫外線來辨別雌雄。雄性能更容易吸收紫外線，所以體色看起來會更黑！

耶！終於來到這個世界了！

70

可以在白菜園周圍尋找
飛來飛去的白粉蝶！

白粉蝴蝶是菜園、農田、野外小徑常見的蝶類。如果仔細去環顧白菜園和蘿蔔園時，就會發現白粉蝶成群地在白菜園上飛來飛去。

幼蟲都隱形了！
白翅膀
快現身吧～

另外，白菜葉中間如果有洞的話，表示白粉蝶幼蟲有可能躲在那裡。

哇，你看！
幼蟲躲在這裡！

嘿嘿，
可以自己
飼育看看！

白粉蝶很容易飼育，只要準備好白菜、甘藍菜等，就可以在家裡讓幼蟲羽化成蝶。

生物圖鑑 TIP

白色蝴蝶也可能不是白粉蝶？

每當看到白色小蝴蝶，就會以為是白粉蝶，其實也有可能是杜鵑粉蝶或黑紋粉蝶。牠們與白粉蝶不同，翅膀上有黑色線紋。

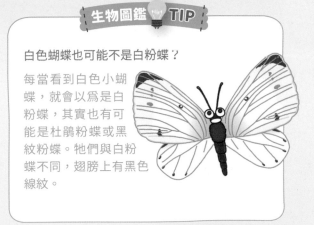

採集重點 不論是鄉村，還是城市，我們去白菜或白蘿蔔多的菜園看看吧！　　難度 ★☆☆☆☆

紅珠絹蝶

請參考推薦影片！

嗨…我是瀕臨絕種的
紅珠絹蝶…

瀕臨絕種？
這是怎麼
回事？

紅點就像名字
一樣非常顯眼！

哎喲～

翅膀是白色
的，應該是
粉蝶科？

翅膀呈半透明狀，在白
色翅膀上有一個鮮紅色
的點紋。

非常獨特的是，幼蟲會在卵中
以一齡狀態生活幾個月，到了
嚴冬才孵化。**幼蟲
在零度以下的天
氣活動**，是一種
神奇的昆蟲。

不是！我屬於
絹蝶亞科

翅膀的底色是白色，會被誤
以為是粉蝶科。然而，我屬
於**絹蝶亞科**。

這是為了留下自己
的基因的用意啊！

```
☑ 分類 鳳蝶科
☑ 體長 約40～55公釐
☑ 食物 幼蟲 堪察加景天
         成蟲 堪察加景天、大薊、
              洋槐等花朵
☑ 棲息地 韓國、中國等
☑ 活動期間 5～6月
☑ 特徵 白色翅膀上的紅斑紋
```

我主要生活在陽光充足的岩盤地
帶，我靠堪察加景天成長發育。

啊～既溫熱
又好吃～

交配後，雄蝶利用分泌物在雌蝶
腹部製作一個稱為**交尾栓**的口袋
狀結構，以防止雌蝶與自己以外
的其他雄蝶交配。

現今瀕臨絕種，
因此很難見到的紅珠絹蝶…

今日在少數棲息地以外的地區，已經很難見到紅珠絹蝶的蹤跡，但也許還有一些尚未被發現的棲息地。

肯定在某個地區還有新的棲息地！

主要在5月初至6月初之間被發現，在紅珠絹蝶最喜歡的岩盤地帶見到牠們的可能性很大。

找到了堪察加景天田！這裡可能會發現紅珠絹蝶

用力睜大眼睛尋找紅珠絹蝶！

因為紅珠絹蝶瀕臨絕種，所以即使發現這些蝴蝶，也請只用眼睛觀察就好哦！

生物圖鑑 TIP

與紅珠絹蝶非常相似的絹蝶！

絹蝶沒有紅點，而且體型比較嬌小。和紅珠絹蝶不同，絹蝶是很常見的蝴蝶。

千萬別再把紅珠絹蝶和絹蝶弄搞錯了！

觀察重點　　請仔細觀察有堪察加景天田地的岩盤地帶哦！　　　　難度 ★★★★★

73

飛行了數百公里的大型斑蝶
大絹斑蝶

我的翅膀夠巨吧？

一年蛻變兩次，有春型和夏型，春型和夏型的外表相似。

我吃植物的毒，並把它轉換成自己的毒，加以活用！

我雖然不是亞洲最大的蝴蝶，但卻是少數擁有大翅膀的蝴蝶。

春型　　夏型的體型比春型大　　夏型

後翅膀末梢有黑色斑紋，這是雄性大絹斑蝶獨有的特徵，軀幹部上有幾個白色的圓形斑紋！

大絹斑蝶幼蟲以啃食蘿藦過活，因為蘿藦有毒，所以其他昆蟲不易食用。**牠們體內累積的蘿藦毒素，可以作為防禦天敵的武器。**

從紋路到顏色，真的讓人離不開視線啊～

在台灣地區主要分布在海拔1500公尺以下之中、低海拔地區。本種為台灣產絹斑蝶屬中**體型最大的種類**，故取名為大絹斑蝶。

我來自日本哦！

你是來自哪個國家？

有的人也會叫我青斑蝶！

你好啊～大絹斑蝶！

我會隨著季節遷徙數百公里，甚至還會飛到香港去！

- ☑ 分類 蛺蝶科
- ☑ 體長 約95～110公釐
- ☑ 食物 幼蟲 蘿藦及夾竹桃科的台灣牛嬭菜、鷗蔓、毬蘭等 成蟲 花朵的蜂蜜
- ☑ 棲息地 台灣、韓國、日本、中國等
- ☑ 活動期間 5～6月（春型），7～9月（夏型）
- ☑ 特徵 在大翅膀上的異國風情紋路

想找到擁有優雅翅膀的美麗大絹斑蝶，該怎麼做呢？

大絹斑蝶分佈於印度、尼泊爾、不丹、孟加拉、緬甸、印尼蘇門答臘島、台灣、韓國和日本等。因為移動力很強，所以也能在許多地方被發現。

所以無論在哪個地區發現牠們，都不會覺得奇怪！

為了提高看到牠們的機率，必須到牠們的主要棲息地。牠們棲習於中、低海拔山區，去那裡尋找是不錯的選擇。

我要去韓國長白山尋找！

唧！唧！澤蘭的蜂蜜最美味♥

大絹斑蝶非常喜歡澤蘭的花，所以如果去澤蘭花朵生長較多的地區，見到的機率會更大。

生物圖鑑 TIP

帝王斑蝶可移動3,000公里！

據瞭解，墨西哥的帝王斑蝶，為了過冬竟遷徙了3,000多公里的路程。

我可以跨越國界～衝啦！

採集重點　每年5～6月大屯山頂的澤蘭會開花，會吸引許多斑蝶前來吸食。　　難度 ★★★★☆

照亮黑暗夜空的感動火光！

淡紅螢火蟲

請參考推薦影片！

夜空中有星星在移動？比星光更清晰的淡紅螢火蟲，來認識一下吧！

這是棲息在韓國的螢火蟲中，在最晚的時期－夏末活動的昆蟲。

在夏末看到的螢火蟲，應該就是淡紅螢火蟲！

一閃一閃亮晶晶～ ♪
滿天都是螢火蟲

原來你是音癡啊！

和成蟲不同，幼蟲的外表長得有點嚇人。身體一節一節的，可以很容易地鑽進蝸牛殼裡。

腹部節末梢，有兩個看起來像白色的發光器官。

雖然體型還很小，但我的臀部也能發光！

閃亮

就是這裡在閃閃發光！
閃亮

幼蟲生活在陸地上，獵殺陸地的蝸牛。令人驚訝的是，成蟲不吃任何食物，只顧繁殖。

慢吞吞

我是陸上的蝸牛殺手！

- ☑ 分類 螢火蟲科
- ☑ 體長 約15～18公釐
- ☑ 食物 幼蟲 蝸牛
       成蟲 無
- ☑ 棲息地 韓國全國各地
- ☑ 活動期間 8月底～9月初
- ☑ 特徵 臀部發出強光

忽明忽暗的一直閃耶
亮光 閃爍

我是棲息在韓國的三種螢火蟲中體型最大的。我會發出更明亮、更絢麗的光芒。

如果想找到發出美麗光芒的神祕螢火蟲，
該去哪裡找呢？

最近由於環境污染和
過度開發的關係，螢
火蟲的數量減少了很
多，但還是不難看
到。

如果仔細找找，
一定可以看到的！

在韓國有平家螢、雲文山螢、淡紅螢火蟲
等三種螢火蟲。平家螢可以在初夏的有機
田、清澈的樹林濕地周圍發現。反之，雲
文山螢和淡紅螢火蟲的棲息地與水無關，
主要在初夏或夏末在未受污染的草地或樹
林裡被發現。

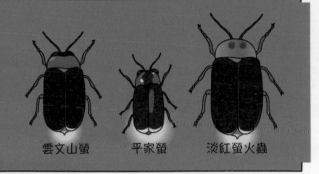

雲文山螢　　平家螢　　淡紅螢火蟲

閃爍　　閃爍

螢火蟲通常在天黑後活動力最強。因此太陽下山後，可以
到沒有人工照明的黑暗地區找找看。

生物圖鑑 TIP

螢火蟲是保育類昆蟲嗎？

NO!

目前僅韓國茂朱郡的螢火蟲群棲
息地，被列為保育區。

採集重點　　試著在漆黑的樹林周圍，尋找不曾受污染的地方。　　難度 ★★★☆☆

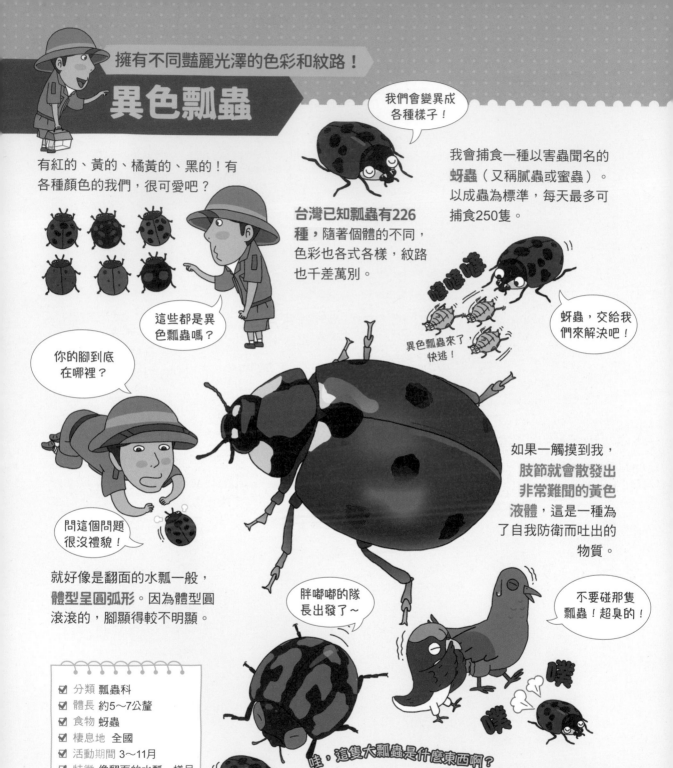

擁有不同豔麗光澤的色彩和紋路！

異色瓢蟲

有紅的、黃的、橘黃的、黑的！有各種顏色的我們，很可愛吧？

這些都是異色瓢蟲嗎？

你的腳到底在哪裡？

問這個問題很沒禮貌！

我們會變異成各種樣子！

台灣已知瓢蟲有**226種**，隨著個體的不同，色彩也各式各樣，紋路也千差萬別。

我會捕食一種以害蟲聞名的**蚜蟲**（又稱膩蟲或蜜蟲）。以成蟲為標準，每天最多可捕食250隻。

異色瓢蟲來了，快逃！

蚜蟲，交給我們來解決吧！

如果一觸摸到我，**肢節就會散發出非常難聞的黃色液體**，這是一種為了自我防衛而吐出的物質。

就好像是翻面的水瓢一般，**體型呈圓弧形**。因為體型圓滾滾的，腳顯得較不明顯。

胖嘟嘟的隊長出發了～

不要碰那隻瓢蟲！超臭的！

- ☑ 分類 瓢蟲科
- ☑ 體長 約5～7公釐
- ☑ 食物 蚜蟲
- ☑ 棲息地 全國
- ☑ 活動期間 3～11月
- ☑ 特徵 像翻面的水瓢一樣呈圓弧形

大龜紋瓢蟲啊！快躲起來！

哇，這隻大瓢蟲是什麼東西啊？

瓢蟲中也有大人指甲般大小的超大型瓢蟲，這種瓢蟲稱為「**大龜紋瓢蟲**」，是台灣產瓢蟲中體型第二大的。

五彩繽紛的可愛瓢蟲，就住在我家附近！

瓢蟲的棲息環境範圍非常廣泛，在冬天以外的其他季節，牠們的活動力都很強，所以隨處可見。

觀察瓢蟲就像是躺著吃麵包般輕鬆！

因為牠們的移動性很強，所以即便不是有蚜蟲的地方，也會被發現。甚至在住家大樓的牆壁或樓梯間也發現了迫降的瓢蟲。

咦？你為什麼在這裡？

瓢蟲的迫降～

啊！發現瓢蟲的卵了！

如果在樹皮或草葉上看到一些黃色和橘黃色的橢圓形卵，就是附近住著瓢蟲的證據！

生物圖鑑 TIP

我是草食性！

茄二十八星瓢蟲是草食性動物！

瓢蟲大多是肉食性動物，是捕食蚜蟲的益蟲。也有以吃草為生，但對農作物會造成危害的瓢蟲。

採集重點 從住家附近的草叢開始找找看！如果發現很多蚜蟲，那麼遇到瓢蟲的機率就會提高！

難度 ★☆☆☆☆

中華大刀螳螂

請收下螳螂拳吧！

大家好！我是中華大刀螳螂，是數一數二的大型品種。

也太大隻了！

我是樹林中的惡徒！會獵殺蝗蟲、蜻蜓、蜜蜂等，甚至連小蛇、青蛙也會獵殺。

讓各位瞧瞧什麼才是真正的武術！？

你傻了嗎？

我有一雙強而有力的鉤子狀前腳，我利用這雙腳捕食食物。

我不一定會輸你哦！

- ☑ 分類　螳螂科
- ☑ 體長　約70～95公釐
- ☑ 食物　各種昆蟲和小動物
- ☑ 棲息地　中國
- ☑ 活動期間　4～11月（成蟲 7～11月）
- ☑ 特徵　牠的體型非常大，足部呈細長狀態

一個卵窩可以誕生出100～300隻的中華大刀螳螂，但能順利成為成蟲的機率只有1%。

雌螳螂會捕食雄螳螂嗎？

咚嚓 咚嚓

嚇呆

對天敵來說，小螳螂只是一隻能輕鬆捕到的獵物～

雌螳螂在交配後經常吃掉雄螳螂，這樣做是為了孩子。多虧雄螳螂的犧牲，小中華大刀螳螂才能攝取到很好的營養素。

雖然是為了子女，但吃掉另一半，好可怕！

讓我們一起來尋找最大、最帥的中華大刀螳螂吧!

4月至11月可以看到中華大刀螳螂。但是春天只能見到幼蟲,成蟲則在7月以後就能看到。

嗯…中華大刀螳螂最迷人的是巨大的軀幹部,好想看到成蟲啊

在蚱蜢或中華劍角蝗等螳螂獵物多的草地上找看看!

中華大刀螳螂等螳螂科昆蟲,有可能出現在草皮多的公園、河川堤防等,野草茂密生長的地方。

小心
翼翼
抖抖

在夏天找找看螳螂的卵窩吧!

哇!生了幾隻啊～這麼多隻怎麼養?!

密密麻麻

冬天來臨之前,仔細觀察一下草叢周圍,可以發現螳螂產下的卵窩。採集卵窩後,放在溫室裡飼育,就可以看到可愛小螳螂誕生的畫面!

生物圖鑑 TIP

被螳螂咬的話,會長出螳螂來嗎??

從很久以前韓國流傳著某種傳說,被螳螂咬到的話就會長出疣(螳螂的韓文與疣的韓文同字)。但螳螂和皮膚病是沒有任何關係的!

瞪!

你看吧,就說我是冤枉的!

採集重點　我們一起到中華大刀螳螂最愛的獵物常出沒的草地觀察吧!　　難度 ★★☆☆☆

毛角多節天牛

韓文名是藍色草原天牛，能推測出牠的外貌和棲息地

我擁有泛藍光的長觸角，美吧？

又見到你了！真的又迷你又好看！

主要生活在雜草叢生的草原上，身體呈藍色。

啊～好舒暢啊！要來活動一下筋骨了

長觸角的黑色帶子上長著蓬鬆的毛。肢節上第一節、第二節的毛最吸引人。

卵孵化成的幼蟲在生長約2年後，會在早春時分破繭而出，變成成蟲。

當受到威脅時，甚至會通過臭腺釋放出防禦物質！

哇！這到底是什麼味道！

好臭喔！所謂臭腺，是體內分泌異味的一種分泌腺

原來幼蟲住在這裡～

- ☑ 分類 天牛科
- ☑ 體長 約8～13公釐
- ☑ 食物 一年蓬、魁蒿等菊科植物
- ☑ 棲息地 韓國、中國等
- ☑ 活動期間 5～6月
- ☑ 特徵 長觸角，中間比較濃密的毛束，泛藍光的翅鞘

交配後，雌蟲會在一年蓬、魁蒿等菊科植物的根上產卵。

我們一起去找擁有長觸角、嬌小美麗的毛角多節天牛吧！

在炎熱天氣來臨之前的5月至6月，在韓國的大部分地區都可以觀察到毛角多節天牛的蹤跡。

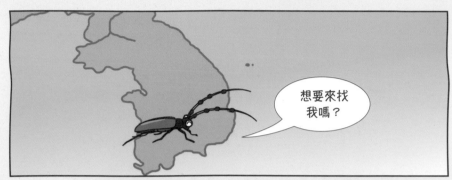

想要來找我嗎？

想看到毛角多節天牛，不能去山上而是要去草地。先去一年蓬或魁蒿茂密生長的草地看看吧！

這裡應該是毛角多節天牛最愛的地方！

一次捕捉到兩隻耶！

找到長滿一年蓬或魁蒿的草原後，因為毛角多節天牛體型十分嬌小，如果沒有仔細觀察，就不容易看見。另外有很多交配的個體，兩隻在一起的情況非常多。

生物圖鑑 TIP

我是很難見到的稀有生物哦！

長得和「毛角多節天牛」很像的「擬毛角多節天牛」

長相和毛角多節天牛很像，但觸角比較粗，肢節上散發著紅光。

採集重點　尋找看看有一年蓬或魁蒿茂密生長的草原！

難度 ★★☆☆☆

超愛露屁屁的圓形昆蟲
黃緣龍蝨

水棲昆蟲界的最強捕食者！
桂花負蝽

水中螳螂
螳蠍蝽

漂浮在水面上的神奇昆蟲
圓臀大黽蝽

統治天空的空中轟炸機
無霸勾蜓

全世界最小的蜻蜓
小紅蜻蜓

韓國最大、最美麗的蚊子
克氏巨蚊

試著在溪水邊
找找看吧！

超愛露屁屁的圓形昆蟲

黃緣龍蝨

請參考推薦影片！

看那邊！甲蟲在水中快速遊動！

黃緣龍蝨又名大龍蝨，是生活在水中的圓形生物。

我在水裡不能呼吸，所以會把屁股推出水外，儲存空氣後，再繼續回到水裡。

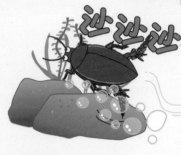

沙沙沙～

龍蝨科昆蟲全部無毒，幼蟲與成蟲均肉食，在水中捕取食物

我的後腳長了很多具有鴨蹼作用的毛。

- ☑ 分類 龍蝨科
- ☑ 體長 約33～42公釐
- ☑ 食物 小魚、蝌蚪、各種動物的屍體
- ☑ 棲息地 韓國、日本、台灣等
- ☑ 活動期間 4～10月
- ☑ 特徵 圓形體型上有黃色的帶狀紋路

可以從前腳的形狀辨別雌雄。雄蟲前腳有個寬大的飯勺狀吸附板，利用這個結構就能緊緊抓住雌蟲進行交配。

所以你長大之後會變成這樣嗎？難以置信！！

和可愛的成蟲不同，幼蟲形狀是長條狀，長相有一點嚇人。

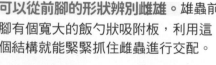

絕對不能放過那女的！

如果想要觀察黃緣龍蝨，要去哪裡尋找呢？

小心！黃緣龍蝨是過去很常見的昆蟲，但由於棲息地遭到破壞和環境受到污染，所以現在很難看到！若遇到也絕對不能採集。我們去尋找龍蝨科的其他昆蟲吧！

除了黃緣龍蝨以外，還有很多各式各樣的龍蝨科昆蟲！

黃緣龍蝨的體型不一，有3～4公分的最大體型，也有1公分的最小體型。他們通常喜歡流速慢、無污染的乾淨水池。

你也是黃緣龍蝨？

你想怎麼樣？

啊！

原來是鮑氏麗龍蝨啊！體型雖小，黃色紋路卻十分迷人！

牠們主要躲藏在水草多的水中，所以要用撈網才能捕捉得到！用撈網攪動有水草的區域，就可以觀察到各式各樣的水棲和龍蝨科昆蟲。

生物圖鑑 TIP

和黃緣龍蝨長得很像的尖突大牙蟲！

尖突大牙蟲的軀幹上沒有黃色帶狀紋路，後腳的毛也偏少，觸角也較黃緣龍蝨短。而且和黃緣龍蝨不同，牠是草食性昆蟲。

觀察重點　黃緣龍蝨太難尋找，其它龍蝨科昆蟲比較容易觀察到哦！　難度 ★★★☆☆

桂花負蝽

水中有一種巨大的昆蟲！

終於找到了，水中最強的昆蟲！

有信心的話，就放馬過來吧！

我是半翅目中最大的水生昆蟲，也是**體型最大、力氣最大的**，在韓國有「水將軍」之稱。

因為只能在水外呼吸，所以中途會把臀部上的**呼吸器官伸出水外**，進行呼吸。

呼～

終於可以呼吸了！

☑ 分類 負蝽科
☑ 體長 約50～60公釐
☑ 食物 魚類、兩棲類、爬蟲類等
☑ 棲息地 韓國、日本、中國、台灣等
☑ 活動期間 4～10月
☑ 特徵 菱形體型，像鐮刀般的前腳

只要被我尖銳的前腳捕捉到，絕對逃不了！

啊哈

走開！

雌蟲**產卵**之後，雄蟲就會盡全力保護卵子，為了防止卵的水份流失，經常會先將身體浸濕後再擦拭卵，以維持卵的濕度。

哇～你真的是非常努力的爸爸！

我的前腳讓人聯想到鐮刀，在前腳末梢有個鋒利的鉤子形爪子。

使用強大的力量和技術狩獵之後，再將**長嘴像吸管般插入獵物的身體**，吸吮牠們的液體。

唷 唷

嗯～真美味！

水棲昆蟲中排名第一名！
在哪裡可以找到最強的獵人桂花負蝽呢？

桂花負蝽因棲息地遭到破壞，受到環境污染而瀕臨滅種，在韓國及日本都被列為保育類動物，牠比黃緣龍蝨更難見到。

保育類動物

我看到桂花負蝽的次數屈指可數～嗚嗚

雖然牠棲息在全國各地，分布於熱帶、亞熱帶、溫帶地區的水坑、水道以及小池塘等。從水坑中冒出來的樹枝或水草上，可能會看到雄蟲守護著卵，仔細觀察看看！

正好在水坑上發現了！

如果發現桂花負蝽時，一定要注意！

啊，真的很恐怖！絕對不要碰，只用眼睛看

桂花負蝽是保育類動物，不能隨便觸摸。即便觸摸到，也不要被像針一樣尖而有力的嘴刺傷。如果被刺傷，會像被蜜蜂蜇到一樣痛！

生物圖鑑 TIP

意想不到的是，桂花負蝽具有出色的飛行能力！

桂花負蝽擁有強大的飛行能力，雖然牠們在水裡生活，但在繁殖的季節裡，牠們經常圍繞在路燈等人工照明周圍飛行。

飛

觀察重點 「桂花負蝽」為肉食性昆蟲，性格兇猛！觀察時必須特別小心！　　難度 ★★★★☆

水中螳螂
螳蠍蝽

你是不是泳技太差啦？

哇，真的跟螳螂長得一模一樣！

你是誰？

你哪位啊？

因為長得跟螳螂很像，所以別名為**水螳螂**。

我是半翅目**水棲類昆蟲**，生活在水中。因為不擅長游泳，所以隱身在水草多的地方。

卵的樣子好像小茄子喔！

交配之後的雌蟲，會於5月左右在水邊的泥地或水草裡產卵。

我都用這個呼吸！

臀部的**針狀呼吸管**十分顯眼！

☑ 分類 蠍蝽科
☑ 體長 約40～45公釐
☑ 食物 小型魚類、蝌蚪等
☑ 棲息地 韓國、日本、中國等
☑ 活動期間 4～10月
☑ 特徵 瘦長體型，外觀和螳螂很像的前腳

嘖 嘖 咔

利用鉤狀的前腳，可以瞬間抓到小魚或蝌蚪等等。抓到之後，**把針狀的針管插入獵物中**，像吸管一般吸吮體液。

呼氣 吸氣

幼蟲有獨特的鰓，即使在水中也能呼吸。

90

一起去池塘觀察水中螳螂吧！

可以在生活周圍的田埂、池塘或水流速度較慢的河流中發現螳蠍蝽。為了尋找螳蠍蝽，你要先準備一個撈網或抄網。

抄網是指兩側末端有狹長型手把的網子，是一種在較淺的溪水中用來撈魚的工具

在較淺的水草地帶，用撈網或抄網翻找，一定可以找到外型長得像螳螂的螳蠍蝽。

要不要裝作沒看見？

也能在冬天觀察到牠們哦！

螳蠍蝽主要是從春天開始活動至秋天。冬天則隱身在水草或石頭縫中冬眠，所以在冬天也可以發現牠們。

生物圖鑑 TIP

和螳蠍蝽類似的昆蟲還有日本紅娘華，日本紅娘華的體型較螳蠍蝽寬扁。

又寬又扁的螳蠍蝽耶

不要抓！

採集重點　在流速較慢的池塘，或河流裡的水草中翻找看看吧！　　難度 ★★☆☆☆

圓臀大黽蝽

溫咖癲啦唯啊薩
（Wingardium
Leviosa）

我是水面上最
主要的捕食性昆蟲

圓臀大黽蝽也
會飛啊！

我們廣泛分布在平地與
中、低海拔山區水域環
境中。體色為黑褐色，
身披細小的短毛。

是一種反轉的
魅力！我擁有
卓越的飛行能力

你難道不想瞭解，漂
浮在水面上施展魔法
的小昆蟲嗎？？

我主要都是漂浮在水面上，
你以為我不會飛吧？然而我
的飛行能力相當出色。

雖然有6隻腳，
但前腳太短，所
以看起來像是只
有4隻腳。

從水底下偷偷靠過來，
很難躲開啊！

抖

抖

我是有前腳的，
雖然很短！

我的天敵就是三點
大仰蝽，這傢伙會
以倒立的姿勢吸吮
我的體液。

☑ 分類　黽蝽科
☑ 體長　約11～16公釐
☑ 食物　小型魚類、蝌蚪、其
　　　　他動物的屍體
☑ 棲息地　韓國、日本、中
　　　　國、台灣等
☑ 活動期間　4～10月
☑ 特徵　用X字形的細腳在水
　　　　面上漂浮

你問我如何在水上行走的嗎？

我的腳上有許多含有油分
的細毛。因為這些毛的關
係，站在水上不會沉
下去，能自由自在地移動。

沒有任何昆蟲
像我一樣有水上
輕功吧？

試著尋找長得細細長長的～
長腳圓臀大黽蝽吧！

想觀察圓臀大黽蝽，最好去找一些積水的水坑，或是雨後產生的小水窪，也有可能發現圓臀大黽蝽。

來到這種農田多的鄉下，應該可以發現圓臀大黽蝽…

飛行能力比想像中還要好的圓臀大黽蝽，會為了找水而到處移動。當牠看到一個小水坑時，牠就會降落下來休息。

所以在公園的水坑就能看到圓臀大黽蝽！

竟然也會掉落在汽車上面！

欸，什麼？
這裡不是
水坑啊！

對圓臀大黽蝽而言，從汽車表面光澤反射出來的天空，會誤以為是水坑，所以偶爾會發生牠們掉落在車子上方的情形。

生物圖鑑 TIP

圓臀大黽蝽和蝽是親戚嗎？
圓臀大黽蝽和蝽都是屬於半翅目的昆蟲。仔細一看，牠們長得有一點像。

採集重點　在任何積水的地方，都有可能採集到。

難度 ★★☆☆☆

無霸勾蜓

侵犯我區域的人，一律獵殺！

你知道嗎？台灣150多種蜻蜓目昆蟲中，體型最大的就是我！

媽呀，蜻蜓怎麼這麼大隻？

雌蟲產卵在山間水流速度較慢的溪流中。從卵中孵化的幼蟲生長約**三年後羽化成蟲**，變成帥氣的「無霸勾蜓」。

就像名字一樣，擁有巨大體型和卓越的狩獵能力，**是唯一列於保育類野生動物名錄中的蜻蜓種類。**

還要三年，才能成長為成蟲…

紋路和複眼的顏色很華麗、帥氣耶！

雌蟲體型巨大，最大可**超過100公釐**。擁有寶石般閃亮的**綠色雙眼**，令人印象深刻。

蜻蜓科的幼蟲和成蟲不同，**幼蟲生活在水裡**，外觀也和成蟲完全不同。

我是天空之王和暴君。以迅速和精湛的技能在空中飛來飛去，不分昆蟲的種類一律捕食，就連可怕的蜜蜂在我面前也只是一隻獵物。

等我長大以後，就會脫胎換骨了！

- ☑ 分類 勾蜓科
- ☑ 體長 約85～100公釐
- ☑ 食物 蚜蜊、蜜蜂、蒼蠅等昆蟲
- ☑ 棲息地 韓國、日本、中國、台灣等
- ☑ 活動期間 6～9月
- ☑ 特徵 巨大體型，綠色複眼，黃色紋路

Lv. 10000

喂，你們過來集合！

你們認為…我只是隻普通的蜻蜓嗎？

我們一起去尋找看看體型最大的蜻蜓吧！

無霸勾蜓主要分佈在山地的溪谷周圍，而不是市中心。活動期間從夏季的6月開始至9月。

呼～

好熱啊！好熱啊！到了無霸勾蜓出沒的季節了！

牠的動作非常快速敏捷，用手很難抓到！即使有抓昆蟲的網子，好像也不太容易抓到。

想抓我？加油吧～

埋伏之後，終於抓到了！你這傢伙！

生物圖鑑 TIP

除了無霸勾蜓外，還有艾氏施春蜓、聯紋春等體型巨大且外表相似的蜻蜓。

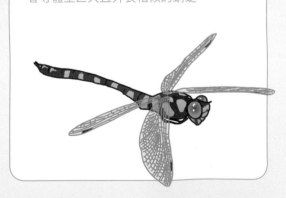

再快也難免有弱點！無霸勾蜓有守護自己領域的強烈意識，飛過的路線會重新再飛一次。就算第一次錯過抓牠的機會，若躲在原地等待，也許能抓到牠。

採集重點 守候並埋伏在無霸勾蜓經過的地方。

難度 ★★★☆☆

小紅蜻蜓

各位知道全世界最小的蜻蜓有多小嗎？

靠近點啊～

古錐

嬌小玲瓏的我，也叫作侏紅小蜻

好迷你

報告，這裡是水草1、水草1，沒有發現任何敵人，OVER！

我的體型太小了，完全無法抵抗其他蜻蜓的捕食。為了躲避天敵，經常在低矮的水草叢中飛翔。

交配之後，雌蟲會以點水的方式產卵，稱為「點水產卵」。

- ☑ 分類 蜻蜓科
- ☑ 體長 約10～14公釐
- ☑ 食物 小型飛蟲
- ☑ 棲息地 韓國、台灣、日本、東南亞等
- ☑ 活動期間 6～8月
- ☑ 特徵 長得像猩紅蜻蜓，只有手指指節般大小

從卵中孵化的幼蟲，**以捕食小型水棲生物為生**。即便棲息地因乾旱而導致水源枯竭，牠們仍然可以存活一段時間，擁有很強韌的生存能力！

比韓幣500圓還小（約台灣1元大小）

眼睛很大，翅脈稀疏，足細長。由於顏色十分醒目，因此很容易就能發現牠們。在韓國稱為韓國小蜻蜓。

體型如大人手指指節般的大小。雌蟲的淺褐色軀幹部上，有**五顏六色的線紋**。

申請改名

您好！我想改名字！

好想看到世界上最小的小紅蜻蜓！
要到哪裡才能親眼見到呢？

小紅蜻蜓瀕臨絕種，不幸的是，因棲息地的減少，已很難見到了。所以不能採集牠們，只能用眼睛觀察。

唉… 最近消失的昆蟲太多了（╯ ﹏ ╰,)

主要活動時間是從5月下旬至8月。小紅蜻蜓生活在水深非常淺、泉水清澈的山間濕地裡，也經常出現在環境類似的休耕稻田裡。

什麼是休耕稻田？是指很久沒有耕種、靜置的稻田。

小朋友HELLO～迷你又珍貴

因為牠們的體型小，而且喜歡緊貼著地面飛行，所以在棲息地裡也不太顯眼，以較低的高度慢慢觀察才能發現。

生物圖鑑 TIP

蜻蜓為什麼會把身體高高抬起？

白天為了避暑，才把身體高高聳立起來。儘可能減少被太陽照射的面積，用以維持身體的溫度。

 **觀察重點** 在山間尋找長期擱置的濕地稻田，比較容易發現哦！ 難度 ★★★★☆

你好！

我是蚊子中最大、最華麗的克氏巨蚊

我是韓國唯一屬於巨蚊屬的蚊子。最初在韓國的廣陵樹林中被發現，所以在韓國又稱我為廣陵巨蚊。

巨蚊體型很大，超酷的！

廣陵樹林

哇～好漂亮啊！

子孑，你想跑去哪裡啊？

整體長相與普通蚊子差不多。但我的肚子是藍色的，屁股被橘黃色毛覆蓋！

對人類而言，我是**很好的益蟲**。一隻克氏巨蚊可以捕捉20多隻以上的一般蚊子幼蟲。

- ☑ 分類 蚊科
- ☑ 體長 約15～20公釐
- ☑ 食物 幼蟲 蚊子幼蟲
       成蟲 樹液、蜂蜜等
- ☑ 棲息地 韓國、中國等
- ☑ 活動期間 5～9月
- ☑ 特徵 大型體型和屁股的橘黃色毛

還好你不會吸我的血！

雖然都叫蚊子，但並非所有蚊子都一樣～

子子孫孫不斷繁衍下去吧

普通蚊子吸食無數人的血液，因此傳播傳染病。一年有70多萬人死於蚊子引起的疾病，我們可以擔負起減少傳染病的重任！

大多數蚊子在雌蟲產卵時，為了獲得所需的蛋白質，就會吸吮動物的血。但我吃的是**樹液和花蜜**等！

原來蚊子會吃蚊子？！
來去找對人類有益的克氏巨蚊！

能在夏季樹林裡發現克氏巨蚊，牠們棲息在韓國廣陵樹林附近和江原道地區。

> 來去抓蚊子吧…這次應該比較經鬆吧？

克氏巨蚊主要會在花叢中，以吸吮蜂蜜或樹液為生。因為數量稀少，所以很難見到！大多數都是偶然發現的。

> 要看到克氏巨蚊其實是有點困難的！

> 翅膀好與眾不同哦！

> 好大喔！

就克氏巨蚊而言，比起成蟲更容易找到幼蟲。幼蟲生活在水坑裡，請尋找看看體型比普通蚊子幼蟲大兩至三倍的幼蟲，那就是克氏巨蚊的幼蟲！

生物圖鑑 TIP

酷似巨型蚊子的大蚊（Crane fly）！
偶爾在燈光下，你會看到一些看起來像巨型蚊子的昆蟲。這位朋友是一種叫大蚊的昆蟲，大蚊是以蜂蜜或果汁為生的益蟲！

採集重點 請在積水的水坑中尋找大子子！

難度 ★★★★☆

一看就覺得可怕的
油甲蟲

因為地區不同，顏色也不同
綠步甲

隨時會發射的生化武器
屁步甲

螞蟻界的陰間使者
蟻蛉

總是擋在行人面前的昆蟲
中華虎甲

圓滾滾的可愛長相
闊胸禾犀金龜

外表神似鼬鼠的昆蟲
東方螻蛄

我不是高砂深山鍬形蟲！
大葫蘆步行蟲

試著在泥土裡
找找看吧！

一看就覺得可怕的
油甲蟲

啾…
我是甲蟲世界裡的隊長！

等等！如果用手抓牠的話，會出大事的！

我是韓國體型最大的甲蟲，散發著藍色光芒，所以韓國稱牠們為「藍甲蟲」。

哇塞～長得胖胖的，好神奇喔！莫名地可愛！

孵化的幼蟲會本能地爬向周圍花叢的最高處，這是為了見到熊蜂。牠門聚集在花朵或草葉的末梢，一見到熊蜂就會馬上爬到牠們身上。

噢耶！成功地搭上蜜蜂！

慢慢
慢慢

因為肚子又大又胖，所以翅鞘合不起來。

觸角長得奇怪，原來是有理由的～嗚嗚

為什麼合不起來？一定不是因為我胖

爬上熊蜂的幼蟲，自然地去到了蜂窩，在那個地方靠吃蜜蜂卵和蜂蜜過活。

- ☑ 分類 甲蟲科
- ☑ 體長 約12～30公釐
- ☑ 食物 魁蒿食草和野草
- ☑ 棲息地 韓國、日本、歐洲等
- ☑ 活動期間 3～5月，10～11月
- ☑ 特徵 閃閃發光的藍色大屁股

彎曲的觸角是雄蟲的特徵。交配時，雄蟲會用彎曲的觸角緊緊抓住雌蟲。

牠們都是寄生蟲。真的很狡猾、可怕！

牠們是報春的昆蟲，
讓我們一起到附近的公園，尋找油甲蟲吧！

油甲蟲在春天隨處可見，
從寒風籟籟吹的三月開始，牠們就勤奮地活動了。
在住宅區附近的公園，
和鄉村的草地都是油甲蟲可能出現的地方。

韓國春天還很冷，但昆蟲已經開始到處遊蕩了

有看到草叢之間有某個大東西在爬行嗎？

等等！千萬不能用手觸摸油甲蟲。當牠們感覺受到威脅時，會吐出一種稱為斑蝥素（cantharidin）的有毒物質，皮膚只要一接觸到這種物質，就有可能起水泡、產生疼痛感，要非常小心！

喔，等一下…不要靠過來～我只用看的！

操控油甲蟲之毒的神祕昆蟲！

附著在油甲蟲身體上的紅色是誰弄的？原來牠是偽赤翅甲屬昆蟲

生物圖鑑 TIP

古代韓國人也常使用油甲蟲吐出的斑蝥素作為藥材。

趕快抓住牠們，送去中藥房！

對於偽赤翅甲屬昆蟲而言，斑蝥素是魅力十足的物質，可以利用它來誘惑雌蟲。所以油甲蟲一出現，就會有幾隻赤翅甲屬昆蟲附著在牠們身上，攝取斑蝥素。

採集重點 雖然是容易見到的昆蟲，但千萬別碰！　　　　難度 ★★☆☆☆

因為地區不同，顏色也不同

綠步甲

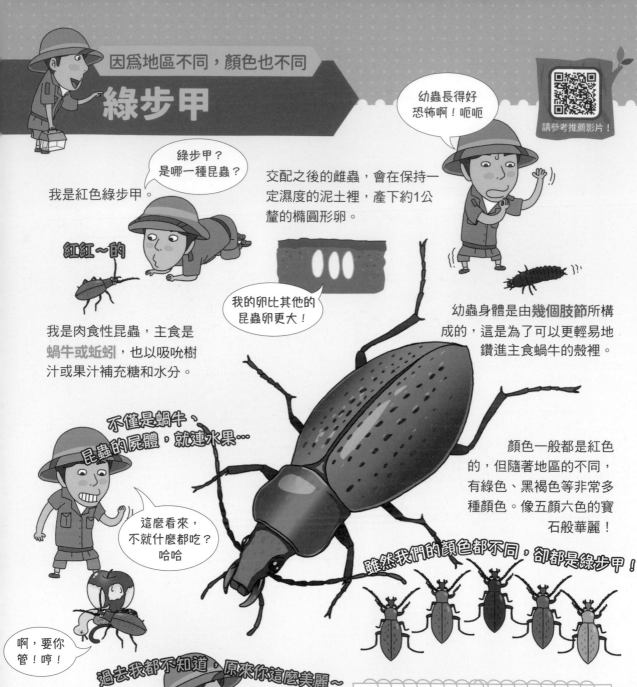

幼蟲長得好恐怖啊！呃呃

請參考推薦影片！

綠步甲？是哪一種昆蟲？

我是紅色綠步甲。

紅紅～的

交配之後的雌蟲，會在保持一定濕度的泥土裡，產下約1公釐的橢圓形卵。

我的卵比其他的昆蟲卵更大！

我是肉食性昆蟲，主食是蝸牛或蚯蚓，也以吸吮樹汁或果汁補充糖和水分。

幼蟲身體是由幾個肢節所構成的，這是為了可以更輕易地鑽進主食蝸牛的殼裡。

不僅是蝸牛、昆蟲的屍體，就連水果…

這麼看來，不就什麼都吃？哈哈

顏色一般都是紅色的，但隨著地區的不同，有綠色、黑褐色等非常多種顏色。像五顏六色的寶石般華麗！

雖然我們的顏色都不同，卻都是綠步甲！

啊，要你管！哼！

過去我都不知道，原來你這麼美麗～

因為牠們的內翅退化不能飛翔，所以被孤立在各個地區，因此每個地區的顏色都不同。

百分之百的音癡！

☑ 分類 步甲科
☑ 體長 約35～45公釐
☑ 食物 肉食性
☑ 棲息地 韓國、中國、俄羅斯等
☑ 活動期間 5～10月
☑ 特徵 在發出光澤的絢麗色彩中，長著凹凸不平的翅鞘突起

104

讓我們去尋找……因地區不同
而擁有各種絢麗色彩的綠步甲吧！

> 我喜歡黑色，
> 所以應該要
> 去濟州島！

綠步甲大部分是紅色，但
在智異山的是綠色；在濟
州島的是黑色；在部分高
山地區是橘黃色。

到濕度穩定、蝸牛或蚯蚓很多
的山區域去尋找。綠步甲是夜
行性動物，所以須在晚上拿著
手電筒照亮四周，才能發現牠
們的存在。

> 今天晚上來去
> 採集！夜間行動
> 要注意安全！

想在白天捕捉綠步甲？

> 有耶
>
> 哇～
>
> 帶去的紙杯
> 一定要記得
> 帶走！

使用紙杯陷阱（Pitfall trap），也許可以在白天抓到綠
步甲。在地上多放幾個紙杯，並放入酸酸的葡萄或腐
爛的肉品，隔天再去看，應該就抓到綠步甲了。

生物圖鑑 TIP

容易和綠步甲混淆的金步甲
金步甲的外表、體長和五彩繽
紛的色澤，都和綠步甲一模一
樣，但翅鞘上有淡
淡的點紋，邊框上
有閃亮的帶狀
紋。

採集重點 可以嘗試在茂密的樹林裡設置陷阱。 難度 ★★★☆☆

屁步甲

地上有一隻好可愛的綠步甲！

STOP！千萬別徒手碰觸！

溫度超過100度的屁！千萬別徒手碰觸！

咳咳咳 噗 噗

屁步甲爬行非常迅速，使得塵土飛揚，韓國人依據牠的特性，將其取名為「灰塵蟲」。

我最大的特色就是會引爆炸彈！一感受到威脅時，就會用屁股噴出溫度超過100度的熱液體。

呃啊 呃啊

噗噗噗

我的顏色是橘黃色的～

軀幹部上的斑紋是橘黃色，6隻腿和觸角也都是橘黃色。

主要是擔任清道夫的角色，會清潔已死亡的動物、昆蟲等屍體。

因為有我們，樹林才得以保持乾淨！

嚼嚼

夜幕降臨了，屁步甲請出來活動吧！

- ☑ 分類 步甲科
- ☑ 體長 約11～18公釐
- ☑ 食物 肉食性
- ☑ 棲息地 韓國、日本、中國等
- ☑ 活動期間 5～10月
- ☑ 特徵 軀幹部上有黑色和橘黃色混合的斑紋，臀部會噴出化學氣體

屬於夜行性昆蟲，白天躲在石頭或落葉下，夜晚才開始活動。

到大自然尋找昆蟲界的定時炸彈
——屁步甲！

屁步甲是夜行性昆蟲，比起田野，更常在樹林裡被發現。因此，如果你想認識這種昆蟲，必須夜間上山。

長袖、長褲和手電筒是夜間登山的必備品！不要一個人前往哦！

這次我找朋友一起去～

因為屁步甲沒有內翅不能飛，所以必須仔細觀察地上。如果地上有死掉的昆蟲或動物，牠們可能會出現在屍體周圍。

嚼 嚼

在這裡找到了正在咀嚼豔金龜屍體的屁步甲！

啊啊！炸彈屁屁攻擊！！

砰 砰

※請注意！
千萬別
用手觸摸！

屁步甲一旦感到威脅，就會從體內噴出熱的化學物質攻擊對方。 用樹枝輕輕碰一下牠們的身體，就可以觀察到臀部冒煙的畫面，牠們還會發出聲音喔！但如果徒手觸摸，就有可能會被燙傷，所以要小心！

採集重點 可以在夜晚尋找樹林裡的昆蟲屍體，較容易發現屁步甲哦！ 難度 ★★☆☆☆

螞蟻界的陰間使者

蟻蛉

我是蟻蛉！事實上，我是**黃足蟻蛉的幼蟲**，俗稱蟻獅。

黃足蟻蛉的成蟲，其外觀和幼蟲時有180度的轉變。成蟲會用4個又大又透明的翅膀飛翔。

瞎毀！你怎變成這樣？

我的外表雖然和蜻蜓很像，但和蜻蜓完全屬於不同科

歡迎來到螞蟻地獄！

主要在山腳下或河邊的沙地上，挖掘出漏斗狀的洞，等待螞蟻等昆蟲的掉落。一旦掉落牠們挖的陷阱就很難逃脫，所以有**螞蟻地獄**之稱。

背部彎曲是我的特徵。我是兇猛的肉食性昆蟲，具有又大又堅固的嘴鉗。

光看外表就覺得很可怕～不知道哪裡怪怪的？

喂，我聽得到好嗎！沒禮貌！

你是逃不出我的手掌心的！嘿嘿

- ☑ 分類 蟻蛉科
- ☑ 體長 約35～45公釐
- ☑ 食物 幼蟲 蚊子、飛蟲等
  成蟲 螞蟻等小昆蟲
- ☑ 棲息地 韓國、日本、中國、台灣等
- ☑ 活動期間 6～10月（成蟲）
- ☑ 特徵 彎曲的背部和大下巴

一般我會做好陷阱並隱藏起來等候，當有螞蟻掉落時，我會立刻向螞蟻**撒沙**，讓牠們無法逃脫。接著我就會用下巴瞬間捕捉牠們，再慢慢使其溶解成消化液，最後再食用。

最優秀的螞蟻獵人，可以在哪裡看到呢？

今天來去河邊看看，會不會發現螞蟻獵人呢

黃足蟻蛉的幼蟲，很容易在河岸或山腳下的沙地上找到。

尋找樹林和草叢附近的沙地，如果發現像漏斗狀的洞，就是蟻蛉挖掘的螞蟻地獄，仔細觀察就會發現蟻蛉躲藏在那裡。

看起來很恐怖，但即便放在手裡也不危險！

呼呼～怎麼都捉不到啊！大哥～等等我啊！

從夏天到秋天都可以看到蟻蛉的成蟲─黃足蟻蛉。黃足蟻蛉用大翅膀飛來飛去，所以必須用捕蟲網才能採集到。

生物圖鑑 TIP

蟻蛉的韓文別名是螞蟻鬼，但在韓國還有哪一種昆蟲的別名也叫「螞蟻鬼」？

是一種叫做「中華虎甲」的昆蟲幼蟲，也會躲藏在地下挖洞。因為牠們會獵殺路過的螞蟻，所以也有螞蟻鬼的別名。

下一頁再見！♥

採集重點 請仔細觀察草叢或岩石附近的沙地！

難度 ★★☆☆☆

總是擋在行人面前的昆蟲

中華虎甲

亮麗迷人

我的名字很特別吧？

我擁有耀眼的顏色，就像穿了一件絲綢的衣服一般，所以也有人稱我為「絲綢引路蟲」。

我的別名叫「攔路虎」和「引路蟲」，因為當我經過路人前面時，站站停停的樣子，就好像在帶路一般。

你懂時尚嗎？華麗、耀眼又有型…那就是我

咔
咔

為了制伏獵物，而擁有大眼睛和強而有力的下巴，並且為了快速跑步而擁有長腳，這是我的特徵！

哈哈～準備飽餐一頓啦！

是為了獵殺而進化的身體嗎？

性格非常兇狠，攻擊性極強，英文名字為「Tiger beetle（虎甲）」。

幼蟲會在地下挖陷阱並躲藏起來，把經過地面像螞蟻一樣的昆蟲拖進洞裡。所以就像黃足蟻蛉的幼蟲一樣，在韓國也有螞蟻鬼的別名！

- ☑ 分類 步甲科
- ☑ 體長 約18～20公釐
- ☑ 食物 各種小昆蟲
- ☑ 棲息地 韓國、日本、中國、台灣等
- ☑ 活動期間 4～6月、8～9月
- ☑ 特徵 大而鋒利的下巴，外觀彷彿穿著一件色彩鮮豔的絲綢服裝

你們就是鼎鼎大名的螞蟻獵人嗎？

牠來了…趁牠沒注意快逃！

悄悄地～

我們去尋找像老虎般恐怖、像絲綢般華麗的中華虎甲吧！！

今天我們試著找找看大而華麗的「中華虎甲」！牠們一年活動兩次，主要在4～6月和8～9月之間活動。

> 啊～ 好想去看中華虎甲哦，可惜現在是7月

虎甲科昆蟲隨著種類的不同，棲息的地方也隨之不同。也許可以在山腳下泥濘道路周圍遇到中華虎甲。

※事實上，中華虎甲停在路人前面的原因不是要指引道路，而是在與人保持一定間隔的情形下才會逃跑。

> 人類好恐怖喔！趕快逃吧！

> 喔！我們前面有中華虎甲幫我們帶路耶！！

> 用工具捕捉你們！

快逃～ 呦

牠們的行走速度很快，在危險時刻也飛得很快，很難用手抓住，所以一定要有捕蟲網！

生物圖鑑 TIP

中華虎甲因移動速度很快，但負責視覺的大腦跟不上腳的速度，所以會因暫時看不到前方而停下腳步。

> 太快了！看不見前面！

> 衝！衝！衝啊！

咻

採集重點　請仔細觀察一下山腳下的泥土道路周圍吧！　難度 ★★☆☆☆

圓滾滾的可愛長相

闊胸禾犀金龜

請參考推薦影片！

獨角仙怎麼會
沒有角？

大而有力的角是獨角仙的特徵！
難道有無角的獨角仙嗎？

有！牠就叫作
闊胸禾犀金龜

有什麼意
見嗎？

我擁有一個圓圓的、表
面光滑的黑褐色身軀。
和一般的獨角仙不同，
**頭部和胸部上的觸角都
不發達！**

我不是住在樹林裡，而是住在像田野般的
平地。會在「白茅」的稻類農作物周圍產
卵，從卵孵化出來的幼蟲，則是靠著吃白
茅生長發育。

在我身上也找不到獨角
仙的鋒利爪子，但像墨
側裸蜣螂一般擁有小巧
而纖細的爪子。

我們的長相和習
性，跟一般的獨角
仙有點不同

我的爪子小巧
而纖細…是很珍
貴滴！

你適合哪一
種爪子呢？

直到最近我們才為人們所
知，關於我們的研究仍遠
遠不足。

之所以會擁有小巧
而纖細的爪子，是
因為牠們**不是生活
在樹上，而是在地
上爬行**的關係，所
以不需要會附著在
樹上的銳利爪子。

昆蟲世界真是
浩瀚無涯

神啊！請給我小
巧纖細的腳趾

- ☑ 分類 豔金龜科
- ☑ 體長 約18～25公釐
- ☑ 食物 白茅（水稻和植
物）
- ☑ 棲息地 韓國、中國
- ☑ 活動期間 6～8月
- ☑ 特徵 圓圓的和散發光
澤的滑潤體型，以及堅
硬的軀幹部！

112

闊胸禾犀金龜即便沒有很酷的角，
也仍然很可愛！但牠們住在哪裡呢？

闊胸禾犀金龜和一般的獨角仙不同，不是生活在樹林而是在草地裡，大多居住在沿河低窪地帶及填海地。

為什麼填海地會有闊胸禾犀金龜呢？

環顧填海地，就會發現那裡生長著各式各樣的植物，其中以水稻和白茅最多，這個地方就是闊胸禾犀金龜棲息的地方。

在這裡可以尋找到闊胸禾犀金龜？

原來會和幼蟲一起躲在地底～

我需要一把鏟子來捕捉闊胸禾犀金龜！用鏟子挖掘白茅茂密生長的地方周圍，就可以見到幼蟲正在啃食死掉的白茅根，在泥土裡也可以見到成蟲！

生物圖鑑 TIP

雖然平日躲在地底下，但到了晚上會爬到地面上來，圍繞在燈光下飛行。 一定要仔細找一找填海地周圍的路燈。

採集重點　請試著找找看填海地周圍的白茅聚集地。　　難度 ★★★★☆

外表神似鼴鼠的昆蟲

東方螻蛄

我擁有鋒利的爪子和卓越的能力！

土裡有東西在動耶！

就體型的大小推測，不是鼴鼠而是東方螻蛄

韓國人也叫我土狗，因為我是鑽進地底的挖地選手。具有**寬而結實的前腳**，便於挖地。

善惡兩面我都有

在地下到處亂竄，使土壤品質變得更好，是有益的昆蟲。但牠也會啃食一些農作物，造成農作物損失的害蟲。

你是誰？

外觀類似花生的體型。雖然外貌長得像蟋蟀，但體型比蟋蟀更細長。

厭惡的單身地獄！只有我沒有伴侶？哭哭

如果感受到危險時，會噴出難聞的臭味液體，以自我保護。

你放屁了對不對？

滴溜溜溜～

滴溜溜溜～

我也像蟬科昆蟲一樣，透過發出「滴溜溜溜」的鳴叫聲，尋找伴侶。

蛤，不是我啊！

犯人是我啊！哈哈

- ☑ 分類 螻蛄科
- ☑ 體長 約30～35公釐
- ☑ 食物 植物的根等
- ☑ 棲息地 韓國、日本、台灣等
- ☑ 活動期間 4～10月
- ☑ 特徵 前腳長得像鼴鼠，軀幹部長得像蟋蟀

昆蟲界的挖地選手！
來找找外表長得像鼴鼠的東方螻蛄吧！

出發！

TV生物圖鑑
採集
昆蟲
LIVE

最近東方螻蛄的數量日益減少，所以在城市裡很難見到。如果想要見到東方螻蛄，就必須遠離城市，前往綠色田野、多泥濘的河邊，或農作物較多的鄉村！

隨著都市化的發展，東方螻蛄可棲息的地區日益縮減，數量也逐漸減少

因為東方螻蛄是夜行性昆蟲，所以白天大部分都在地底下休息。因此，最好在夜間觀察比較容易看到哦！

完美的事前準備！哇哈哈～

夜間觀察必備的手電筒！不要忘囉！

聽到了，聽到了！

滴溜溜溜～
滴溜溜溜～

靜靜地聆聽，就能聽到「滴溜溜溜」的東方螻蛄鳴叫聲，就能更容易找到牠們的位置。

生物圖鑑 TIP

東方螻蛄是夜行性昆蟲，具有飛行能力，所以如果夜間在農村路燈下仔細觀察，就會發現圍繞在路燈旁飛行的東方螻蛄。

採集重點　停下腳步，用心聆聽東方螻蛄的鳴叫聲吧！　　難度 ★★★☆☆

大葫蘆步行蟲

欸？怎麼有隻高砂深山鍬形蟲在沙地上爬啊？

我是屬於步甲科和步行蟲科的昆蟲，體型長得像葫蘆狀。

不，我不是高砂深山鍬形蟲

我的體型比一般的步行蟲大，所以在我的名字冠上了「大」字

好大~

乍看之下，還以為是高砂深山鍬形蟲呢~

因為牠們是在沙地周圍爬行，而不是在樹上爬行，所以爪子短而纖細。

沙沙沙

你看！有多種用途！

我們是**肉食性昆蟲**，頭部的大下巴是獵殺獵物的武器。但因為下巴的關係，會被誤認成高砂深山鍬形蟲。

黑色昆蟲大致上都是夜行性的！

牠們是**夜行性昆蟲**，白天主要躲在沙子裡，到了夜晚會在住宅區附近的草叢亂竄。

交配後，雌蟲在沙子裡產下橢圓形的蛋。孵化出來的幼蟲會到處遊蕩，以獵食小昆蟲過活。

☑ 分類 步行蟲科
☑ 體長 約30～40公釐
☑ 食物 小昆蟲類
☑ 棲息地 韓國、日本、中國、台灣等
☑ 活動期間 5～9月
☑ 特徵 令人聯想到葫蘆的體形，頭部外觀長得像高砂深山鍬形蟲

外觀長得像高砂深山鍬形蟲的
帥氣大葫蘆步行蟲！

主要是在海岸邊容易發現，所以
我們應該要去海邊而不是山裡。

到海邊採集昆蟲，
真特別！好興奮～

我知道你們躲在
那裡～趕快出來，
大葫蘆步行蟲！

抵達海灘後，首先要仔細觀察
沙灘周圍的草叢。牠們是夜行
性昆蟲，白天主要躲在沙子
裡，所以最好夜間去觀察。

沙沙沙

慢慢享用…
吃完時通知
我一聲

吃東西的
時候，別
碰我！

嚼 嚼

大葫蘆步行蟲也經常出現在路燈或露營區洗手台
附近。

生物圖鑑 TIP

除了大葫蘆步行蟲外，還有外貌非常相似的
「雙齒螻步甲」等，但大葫蘆步行蟲的體型特別
大，可以輕易地辨別。

採集重點　攻佔海邊沙灘和樹林的交匯點！

難度 ★★★☆☆

自然界的清道夫
台風蜣螂

酷似犀牛的帥氣昆蟲
車華糞蜣螂

擁有超長的美～～腿
斯氏西蜣螂

好喜歡人糞啊！
金彩糞金龜

帶著銀色光澤翩翩飛舞
白斑迷蛺蝶

試著在糞便中
找找看吧！

自然界的清道夫
台風蜣螂

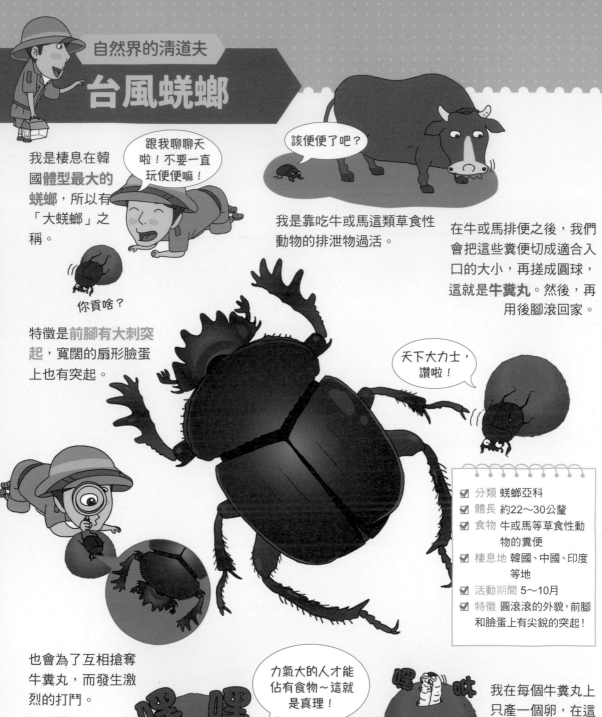

我是棲息在韓國體型最大的蜣螂，所以有「大蜣螂」之稱。

跟我聊聊天啦！不要一直玩便便嘛！

你貢啥？

該便便了吧？

我是靠吃牛或馬這類草食性動物的排泄物過活。

在牛或馬排便之後，我們會把這些糞便切成適合入口的大小，再搓成圓球，這就是**牛糞丸**。然後，再用後腳滾回家。

特徵是**前腳有大刺突起**，寬闊的扇形臉蛋上也有突起。

天下大力士，讚啦！

- ☑ 分類 蜣螂亞科
- ☑ 體長 約22～30公釐
- ☑ 食物 牛或馬等草食性動物的糞便
- ☑ 棲息地 韓國、中國、印度等地
- ☑ 活動期間 5～10月
- ☑ 特徵 圓滾滾的外貌，前腳和臉蛋上有尖銳的突起！

也會為了互相搶奪牛糞丸，而發生激烈的打鬥。

力氣大的人才能佔有食物～這就是真理！

我正認真地製作牛糞丸…

嘿 嘿

嘿 咻

我在每個牛糞丸上只產一個卵，在這裡孵化的幼蟲，可以安全地吃飽、健康地成長。

糞便好香啊！My love♥

吃得好飽～頭好壯壯

今日還能見到幾乎銷聲匿跡的台風蜣螂嗎？

以前的牛吃了草後，會排出硬硬的糞便，但隨著畜牧產業的發展，牛改吃飼料並打抗生素，所以現在牛的糞便都是水水的。

因為牛不吃草，所以我無法滾糞球

之後，在韓國泰安薪斗里海岸沙丘的小部分地區，還有少數的台風蜣螂倖存。但不幸的是，就連這些僅存的台風蜣螂也完全消失了。

已經近20年沒看過了…真的銷聲匿跡了嗎？

也許牠們還安靜地生活在某個角落！只是沒被發現

過去人們在台風蜣螂的棲息地放牧，企圖使牠們重新孵化，但不幸的是，沒有聽到任何關於牠們出現的消息。

生物圖鑑 TIP

這是在牛糞中發現的豔金龜，不是台風蜣螂。在牛糞中也能發現馬糞金龜子和日本覆葬甲。

我還以為是台風蜣螂，結果不是…

觀察重點 希望牠們仍安穩地生活在世界的某個角落！ 難度 ★★★★★

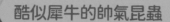

酷似犀牛的帥氣昆蟲
車華糞蜣螂

請參考推薦影片！

哼！
我是食糞為生的昆蟲中，長得最帥的！

呼～
今天也做好了翻攪臭糞便的準備了嗎～？

以棲息在韓國的蜣螂亞科中，我擁有最酷、最粗的角！

嘴的周邊呈扇形，非常適合用來挖糞！

跟我長得好像喔？！

三角龍

雄蟲和雌蟲的外貌是不同的。雄蟲的頭部上有超酷的頭角，胸部上有胸角；雌蟲沒有這種角，是呈圓弧狀的。

恐龍！！！

我的額頭上有一個超酷的大角，胸板的位置很高，棱角分明，讓人聯想到犀牛或恐龍。

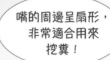

並非每一隻雄蟲皆擁有大而帥氣的角。幼蟲在生長發育過程中，沒有攝取足夠的食物時，就會長出小得可憐的角。

呵呵呵

用在滾動糞丸上，你的腳很短耶！嘿嘿

☑ 分類 蜣螂亞科
☑ 體長 約18～30公釐
☑ 食物 牛或馬等草食性動物的糞便
☑ 棲息地 韓國、日本、中國等
☑ 活動期間 6～10月
☑ 特徵 長而帥氣的角讓人聯想到犀牛或三角龍，刻有直線紋的翅鞘

與台風蜣螂不同，我在滾動糞丸時不會移動，而是在糞便下方挖一個洞，製作一個糞丸。

笑屁！我是假動作

哎呀，你有好好吃飯嗎？

早知道小時候就認真吃飯…

試著找找蜣螂亞科界的雕像美男——車華糞蜣螂吧！

要想看到車華糞蜣螂，可以到放牧牛和馬的牧場或草原，比較容易看到車華糞蜣螂！

> 來去濟州島觀察一下臭氣沖天的糞便吧…

哦，車華糞蜣螂原來鑽到這裡！

如果你發現在放牧中的牛群或馬群時，請仔細觀察周圍地板上的糞便。有看到糞便上有許多硬幣般大小的穿孔嗎？那就是車華糞蜣螂鑽進去的痕跡！

> 等一下！不要靠近牛或馬，怕牠們受驚嚇而有危險！請小心

小心地用鏟子挖糞便上的洞，在洞下方就可以找到車華糞蜣螂。

生物圖鑑 TIP

外觀和車華糞蜣螂很像的三開蜣螂

三開蜣螂的體型比車華糞蜣螂還要小，胸板的胸角兩側末端尖尖的。在韓國被列為保育類野生動物。

採集重點 試著找找看糞便上有沒有硬幣般大小的洞哦！　　　　難易度 ★★★☆☆

斯氏西蜣螂

請參考推薦影片！

體型雖小，但我的比例是模特兒等級的～

腳肢節呈圓弧狀彎曲，以便可以滾出圓球狀糞丸。

人的便便我一樣照吃！

啊～不要吃我的便便

和體長的比例相較之下，斯氏西蜣螂的後腳較為發達且偏長。

昆蟲社會好忙～好累啊～

不僅聚集在草食性動物的糞便上，也會在野豬、貉等雜食性動物的糞便上。甚至會吃人們的糞便！

我是蜣螂亞科中**飛行能力比較強的**，在周圍發現新鮮的糞便時，會瞬間飛起來。

你們去哪裡流浪？現在才回來

韓國僅存可以滾動糞便的蜣螂…

- ☑ 分類 蜣螂亞科
- ☑ 體長 約10公釐
- ☑ 食物 各種哺乳類動物的糞便
- ☑ 棲息地 韓國、歐洲、俄羅斯等
- ☑ 活動期間 4～7月
- ☑ 特徵 體型如同指甲般小，有像蚱蜢般的長腳

有滾動糞便習性的蜣螂亞科昆蟲，總共有墨側裸蜣螂、台風蜣螂、斯氏西蜣螂等。但是，隨著環境的急劇變化，牠們都消失了，**僅斯氏西蜣螂生存下來**。

唷呼

我也是在1990年代以後銷聲匿跡，而在20年後的2003年又重新被發現。

引誘斯氏西蜣螂的方法很獨特！
一起來試試吧！

斯氏西蜣螂過去一直很少被發現，所以生活型態鮮為人知。通常在春季至初夏之間，在韓國江原道山區可以發現。

活動力最強的時期是5月。在溫暖的陽光照射下，在棲息地周圍找找看牠們愛吃的糞便。

可以事先帶牛糞或馬糞來！先在附近的牧場取得糞便，再放在山裡，不久之後，牠們就會聞到味道飛來。

生物圖鑑 TIP

蜣螂亞科昆蟲的力氣有多大啊？

蜣螂亞科昆蟲的力氣，足以移動比自己體重重30倍的物體。因此，沉重的糞丸也可以輕而易舉地滾動。

嘿咻

採集重點　在棲息地周圍的牛糞或馬糞旁觀察看看囉！

難易度 ★★★★☆

金彩糞金龜

牠們不只有紫色，也有其他很多種顏色

紫色昆蟲應該不多見吧？

隨著地區或個體不同，會呈現不同的顏色變化，也有不少藍色或綠色的金彩糞金龜。

我是掘穴金龜科（又稱為雪隱金龜科、掘地金龜科），因強烈而閃亮的紫色，在韓國稱為紫色豔金龜。

你們為什麼對糞便這麼執著！？

有很多可以識別金彩糞金龜的特徵！

牠們像蜣螂亞科類昆蟲一樣，將動物的排泄物滾成圓球狀，並在裡面產卵，幼蟲就靠吃這些排泄物茁壯成長！

我的軀幹部下側面和腳長著柔軟的毛，嘴的附近有結實的下巴，在翅鞘上有14條點陣線紋。

如果用手抓牠們時，牠們會移動腹節進行摩擦，並發出「嚓～嚓～」的聲音，這是具有警告意味的鳴叫聲。

- ☑ 分類 掘穴金龜科
- ☑ 體長 約18～20公釐
- ☑ 食物 動物的食物或排泄物
- ☑ 棲息地 韓國、日本、中國、台灣等
- ☑ 活動期間 3～10月
- ☑ 特徵 圓弧形身體發出紫色光芒

哇！難道你正在吃人的糞嗎？

啊～牠們發出聲音的原理和獨角仙很類似！

我也很喜歡人的糞便。除了糞便，還會聚集在動物屍體上，扮演著樹林清道夫角色！

嚓 嚓

擁有獨特習性的寶石昆蟲！
來去尋找金彩糞金龜吧！

金彩糞金龜棲息於各地，從早春至秋天都會一直活動，所以除了冬天，隨時都可以見得到。但因為牠們是生活在山裡的昆蟲，所以要到山上去觀察。

猜猜看～我要去哪一座山？

到高山見到牠們的機率更高！因為只有山夠高，才有足夠的空間讓大量的野生動物活動，這麼一來金彩糞金龜才能攝取到更多糞便。

嗯…那裡可能有金彩糞金龜…前進吧！

哇哇～金彩糞金龜靠過來了！

在山裡尋找動物的糞便，好像也沒那麼容易！為了引誘金彩糞金龜，我做足了事前準備。幾個小時之後，我終於發現了金彩糞金龜！

生物圖鑑 TIP

如果你仔細觀察山間的簡易廁所，就有可能發現被廁所氣味吸引而飛來的金彩糞金龜！

採集重點 首要課題是先找到動物的糞便！

難易度 ★★★☆☆

白斑迷蛺蝶

原來這是亮點！

大自然真的很神奇！竟然有銀色翅膀的蝴蝶

哇嗚，讓人聯想到白帶魚的閃亮光澤！

蝴蝶翅膀的上側表面為黑褐色底色，其上佈滿了白色斑紋，隨著個體的不同，有的會出現橘黃色斑紋。

先生！請保持距離好嗎～

我是蛺蝶科中體型最大的蝴蝶，翅膀下側面都是銀色的。

我真正的魅力在於翅膀下側表面。整體為淡藍色，中間區塊和邊緣為橘黃色。

- ☑ 分類 蛺蝶科
- ☑ 體長 約80～110公釐
- ☑ 食物 幼蟲 春榆、欅樹等 成蟲 樹液、動物的屍體或排泄物等
- ☑ 棲息地 韓國、中國等
- ☑ 活動期間 6～8月
- ☑ 特徵 翅膀下側表面上有耀眼銀色

不久之後，我也會擁有一雙美麗的翅膀～

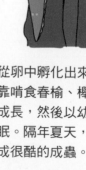

雖然牠們不直接吃糞便，但是為了攝取糞便中所含有的眾多營養素，會聚集在糞便的上方。

不是的，我有六隻腳

1、2、3、4？有4隻腳耶

就像蛺蝶科的蝴蝶般，後腳短、緊貼身側，從表面看上去，好像只有四隻腳。

動物的糞便是最佳零食

從卵中孵化出來的幼蟲，靠啃食春榆、欅樹的葉子成長，然後以幼蟲狀態冬眠。隔年夏天，就會羽化成很酷的成蟲。

試著尋找看看擁有銀色翅膀魅力的白斑迷蛺蝶吧！

 出發！ TV生物圖鑑 採集昆蟲 LIVE

白斑迷蛺蝶棲息在韓國島嶼以外的其他地區，並不容易發現牠們，因為牠們生活在樹林深處。

難怪！平常在我們的生活周遭很難見到

6月中旬至8月之間，在大型山谷周圍可以發現牠們的蹤跡。雄蝶會降落在水岸濕地上，攝取水中的礦物質。還可以看到牠們聚集在動物屍體和糞便上方的畫面。

蝴蝶不是只有吃蜂蜜，也會吃糞便和吃屍體的

啃 啃 啃

啃 啃

可是…即使糞便含有豐富的營養素，我也吃不了

事實上，並非只有白斑迷蛺蝶擁有聚集在動物排泄物上的習性，很多種類的蝴蝶，都會攝取動物糞便中的營養素。

生物圖鑑 TIP

蝴蝶的怪異習性
蝴蝶隨著種類的不同，有些靠吃花蜜或樹液生長，但無法從蜂蜜和樹液中攝取鹽分，所以有時會從人的汗液和動物的眼淚中攝取鹽分。

你需要什麼？都拿走吧！

大叔，可以給我一些汗嗎？

採集重點　到山上尋找動物糞便是發現牠們的關鍵！　　　難度 ★★★☆☆

外貌神似奇妙仙子的昆蟲
大水青蛾

大透图天蚕蛾

牠是蝙蝠，還是昆蟲？
黃褐籠紋蛾

鋸鍬形蟲

小巧玲瓏的小昆蟲
金鬼鍬形蟲

黑斑彩金龜

長得像大山鋸天牛的稀有昆蟲
馬奎特刺胸擬鍬形蟲

大琉璃叢螢

大水青蛾

請參考推薦影片！

大家都誤以為我是奇妙仙子的叮噹！

咦？我看錯了嗎？剛剛奇妙仙子叮噹好像飛過去…

翅膀散發著美麗的**玉色光澤**，下側翅膀上長著一個看似尾巴的**狹長形突起**。

我誤以為是奇妙仙子的生物原來是你啊！

我的臉蛋及身體和飛蛾一樣，被鬆軟的毛給覆蓋住。

我的翅膀很大，約有100公釐長。上翅膀的邊緣有一條**紅色帶狀紋路**，每個翅膀上都有一個**黃白色斑紋**。

好神奇的斑紋啊！

茸

茸

毛

是不是很想摸摸看我的毛？

發育完成的幼蟲會製作自己「繭」。從身體吐出絲線，把葉子包覆在自己身上，並進行固定。

我是**夜行性昆蟲**，白天掛在樹葉或樹枝上休息，當夜幕降臨時才活動。

- ☑ 分類　天蠶蛾科
- ☑ 體長　約90～110公釐
- ☑ 食物　幼蟲　茅栗、櫟樹、楓葉等闊葉樹的葉子
       成蟲　嘴巴已經退化無法進食
- ☑ 棲息地　韓國、日本、俄羅斯等
- ☑ 活動期間　4～8月
- ☑ 特徵　擁有散發玉色光澤的翅膀，外貌神似奇妙仙子叮噹

喔耶！

夜晚終於來臨了！整個樹林都是我的舞台～

真是神不知鬼不覺的偽裝！

一起試著尋找外貌神似《小飛俠彼得潘》
中的奇妙仙子叮噹的大水青蛾吧！

在我們周圍很難看到
大水青蛾。要找到這
類昆蟲的話，必須到
深山裡。

> 牠們算是常見的昆
> 蟲，但我們卻不太常
> 看到是有原因的

即便是在茂密的深山
裡，白天也很難見
到，因為牠們是夜行
性昆蟲！

> 白天像這樣躲在樹葉
> 間，沒人能找到我

輕鬆見到大水青蛾的方法！

> 哇哇～
> 還是路燈下
> 最棒！

只要在樹林周圍的路燈下找找看就可以了。這類昆
蟲和一般的飛蛾一樣，有趨向光源飛行的習性。

生物圖鑑 TIP

和大水青蛾長得很像的日木月蛾！
這兩種生物不僅名字很像，就連外觀也長得
很像，一般人很難辨別。

> 雙胞胎嗎？

採集重點　請仔細觀察樹林深處的路燈光線！　　　難度 ★★☆☆☆

比蝴蝶更美麗的

大透目天蠶蛾

請參考推薦影片!

你好,我是擁有**巨大體型**和華麗色彩的大透目天蠶蛾!

屬於天蠶蛾科,主要以**櫟樹類樹木**為寄主植物。光看名字就能知道牠們很有特色吧?

從卵孵化出來的幼蟲,會啃食周圍的闊葉樹樹葉。之後化蛹時,會吐絲作繭!

真是又大又華麗!親眼見到真的好美~

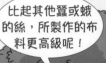
所謂寄主植物,是指昆蟲所吃的特定植物

比起其他蠶或蛾的絲,所製作的布料更高級呢!

我是寄主植物?

從身體上吐出絲來嗎?好神奇喔!

- ☑ 分類 天蠶蛾科
- ☑ 體長 約115~140公釐
- ☑ 食物 幼蟲 櫟樹、茅栗等闊葉樹的葉子
- ☑ 棲息地 韓國、日本、中國、台灣等
- ☑ 活動期間 7~9月
- ☑ 特徵 前後翅中央各有一枚眼斑紋

大透目天蠶蛾擁有一雙非常大的翅膀。翅膀顏色因個體而異,從最常見的黃色、杏色、粉紅色到栗色等各種顏色!在每個翅膀中央都有類似動物眼睛的圓形紋路,很神祕吧?

尤其大透目天蠶蛾的繭有「天蠶」之稱,這個繭就是製作絲綢衣服的材料呢!但要如何辨別牠們的性別呢?

要如何辨別大透目天蠶蛾的性別呢?

雄蛾　　雌蛾

簡而言之,我更大、更華麗!

你到底有幾顆眼睛?

那不是眼睛,是紋路~

大多可以從**飛蛾的觸角**辨別雌雄,大透目天蠶蛾也是如此!雌蛾觸角呈細絲狀;雄蛾的觸角如同扇子般攤開,那是為了聞到雌蛾所散發出來的費洛蒙味道。

外觀像蝴蝶的巨型大透目天蠶蛾，
我們一起去找找看吧！

想看到大透目天蠶蛾，要進入深山裡。
因為是夜行性昆蟲，也必須在夜晚去。

今天要去找大透目天蠶蛾，超期待的啦

哎呀，好熱啊！

大透目天蠶蛾是在炎熱夏季的7月至9月活動，尤其在8月到闊葉林茂密的山上時，可以提高找到的機率！

你得忍受得了酷暑，才有可能看到我！

一般的飛蛾喜歡燈光～

大透目天蠶蛾也是夜行性，所以不容易找到。那要怎麼引誘飛蛾呢？答案是利用飛蛾趨光飛行的習性！

生物圖鑑 TIP

大透目大蠶蛾大爆發！
大透目天蠶蛾偶爾會出現大爆發的現象，會一次出現龐大的數量，有時甚至可以看到幾十隻一起飛翔的情形。

真是壯觀啊！好漂亮哦！

採集重點　在夏夜時，觀察深山裡的路燈，就很有可能看到喔！

難度 ★★☆☆☆

牠是蝙蝠，還是昆蟲？

黃褐籮紋蛾

請參考推薦影片！

你是來自哪顆星球啊？

因為黃褐籮紋蛾身上的黑色和棕色的獨特波浪紋，因此也稱牠為「王波紋飛蛾」。

來自地球啊！

哇！這樣的外表卻不是蝙蝠？而是飛蛾！

啊！！！有蝙蝠！咦？你是蝙蝠嗎？

幼蟲的頭部和腹部有獨特的**長條形突起**，看起來就像是外星生物啊！

哇～真的蟲如其名

我擁有深色系大翅膀，所以經常被誤以為是蝙蝠或鳥。

幼蟲成長為蛹之後，在泥土中過冬。蛹的顏色也像成蟲般的深色系。

以後請看清楚！我是蛾啦～

哼！

我想擁有那雙翅膀…

幼蟲、蛹、成蟲原來都是黑色！

- ☑ 分類 籮紋蛾科
- ☑ 體長 約100～120公釐
- ☑ 食物 幼蟲 水蠟樹、冬青衛矛等葉子
- ☑ 棲息地 韓國、日本、俄羅斯等
- ☑ 活動期間 5～8月
- ☑ 特徵 黑色的大翅膀，翅膀上的鮮豔波浪紋

牠們所擁有的大翅膀，在飛蛾中是屈指可數的。在黑毛覆蓋的翅膀上，兩側邊緣由杏色帶狀線紋圍繞著。

外觀長得像蝙蝠的昆蟲—黃褐籠紋蛾！
我們一起去找找看吧！

TV生物圖鑑
採集昆蟲 LIVE

黃褐籠紋蛾是在韓國最容易見到的昆蟲。5月至8月時牠們會在夜間活動，棲息地的範圍很廣，所以在韓國各地都可以見到牠們。

據說不需要到很遠的地方去？很好～
呵呵

為了見到這種昆蟲，我們得去樹林茂密的山裡！牠們不僅住在高大的山上，還住在住宅區附近的小山。

美味的水蠟樹在哪裡，我們就住在那裡～

白天沒辦法看到你嗎？

也可能在白天看到幼蟲！試著仔細觀察水蠟樹～

利用飛蛾趨光飛行的習性，可以到路燈處觀察看看。

生物圖鑑 TIP

黃褐籠紋蛾 VS 貓頭鷹蛾
黃褐籠紋蛾和貓頭鷹蛾的體型、外觀和紋路都十分相似。然而，能以黃褐色帶狀紋來辨別這兩種昆蟲。

腹節上全部都是黑色

黃褐籠紋蛾　　貓頭鷹蛾

腹節上有黃褐色帶狀紋

採集重點　想找到黃褐籠紋蛾，請仔細觀察看看水蠟樹吧！　　難度 ★★☆☆☆

137

狂暴的帥氣昆蟲
鋸鍬形蟲

下巴銳利得很～

請參考推薦影片！

哇，氣勢真不
容忽視啊

我是暗紅軀幹部
上，長著鋒利下巴
的鋸鍬形蟲。

我因為下巴內側有幾
顆像鋸齒般的內齒，
而取名為鋸鍬形蟲。
隨著各個地區不同的
方言，有的地方稱牠
為鐵耙、剪刀等。

幼蟲非常喜歡腐爛樹木
的根！因此，如果拔掉
腐爛的樹根，就可以看
到很多鋸鍬形蟲！

腐爛的樹根，我愛你♡

我們都是鋸鍬形蟲哦！

體型越大的個體，下巴越
向下彎曲，內齒數量也會
越少。

為了蛻變為成蟲，
我得逃離樹木！

又跑出一隻了！發育完成
的幼蟲會離開樹木，在泥
土中製作一個『繭』！

大哥！
不要激動

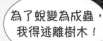

- ☑ 分類 鍬形蟲科
- ☑ 體長 約27～72公釐
- ☑ 食物 闊葉樹的樹液
- ☑ 棲息地 韓國、日本、中國等
- ☑ 活動期間 6～8月
- ☑ 特徵 暗紅色軀幹部上有個朝下
  彎曲的下巴

關於
雌蟲

雌蟲擁有橢圓形體型，這
部分有別於其他鍬形蟲科
的雌蟲。牠會在腐爛的樹
木上產卵。

別碰我…我已
經警告你了…

我比任何一種鍬形蟲科昆蟲更
殘暴而出名的！只要像這樣用
手指靠近我，我的身體就會豎
起來，用大下巴威脅對方！

雖然殘暴卻很有魅力的鋸鍬形蟲！
我們一起去找找牠們吧！

鋸鍬形蟲棲息在韓國大部分的地區。尤其在6月中旬至8月，如果到櫟樹茂密的樹林裡，就很容易遇見牠們！

鋸鍬形蟲靠吃櫟樹的樹液過活！有樹液流出時，也許就有可能見到鋸鍬形蟲！

鋸鍬形蟲有趨光聚集的習性！晚上仔細觀察一下樹林周圍的路燈吧！

採集重點　請先去觀察櫟樹周圍的燈光吧！

難度 ★★☆☆☆

金鬼鍬形蟲

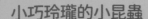

這隻鍬形蟲的下巴往上翹耶！是在生氣嗎？

你在說什麼？這就是我的魅力

啊～你的名字好特別啊

你誰？

棲息於海拔1500公尺～2500公尺山區。

力氣如嬌小的體型般很小。所以牠們的活動期間和其他鍬形蟲不同，自夏末才開始活動。壽命也很短，只有1～2個月。

原來是小不點啊！

嗒嗒

與其他鍬形蟲科昆蟲相比，**我的體型更小。**長再大，體長也只有4公分左右。

和鋸鍬形蟲一樣，牠們擁有紅褐色軀幹部，然而牠們的下巴卻是呈反方向。

你說我嬌小又柔弱？

對不起，我沒有瞧不起你

軀幹部嬌小的幼蟲，除了大樹，在如手臂細的腐爛樹枝上也可以看到。

我朝上～

我朝下～

閃亮 閃亮

我很苗條，所以待在樹枝上也不成問題～

- ☑ 分類 鍬形蟲科
- ☑ 體長 約15～42公釐
- ☑ 食物 闊葉樹的樹液
- ☑ 棲息地 韓國、日本、台灣、西伯利亞等
- ☑ 活動期間 7～10月
- ☑ 特徵 體色為深紅褐色，有朝天彎曲的下巴

關於雌蟲

雌蟲擁有閃耀的光澤！因為體型很嬌小，所以常被誤認為是鍬形蟲以外的其他昆蟲。像其他鍬形蟲科昆蟲一樣，會在腐爛的闊葉樹上產卵。

去尋找嬌小而帥氣的金鬼鍬形蟲吧！

金鬼鍬形蟲是夜行性動物，生活在高地，要到深山樹林裡才容易看到！

> 現在出發去找牠們吧！

一般在盛夏採集其他鍬形蟲是正常的，但如果是金鬼鍬形蟲，就要等到酷熱的天氣結束後，約8月初到8月中旬，才是牠們活動力最強的季節。

> 酷暑退去了，來去找金鬼鍬形蟲吧～

> 啥？

> 啦啦啦～我最愛自由飛翔

> 飛呀飛呀～我愛自由～

牠們主要在高高的樹枝上活動，所以在樹林中不容易看到。但是因為牠們體型很小、重量輕、飛行能力強，很容易趨向路燈的光源飛行！

生物圖鑑 TIP

其他鍬形蟲通常以成蟲形態過冬，但金鬼鍬形蟲以幼蟲形態過冬！

> 為了看到成蟲，必須夏末出發！

採集重點　夏末時請到山上去，並到路燈附近觀察看看！　　難度 ★★☆☆☆

雲斑鰓金龜

看看那隻蟲！頭上戴著扇子耶？

看起來好像鬍子呢！

你把我的觸角當什麼？

雲斑鰓金龜的韓文名字是「鬍鬚豔金龜」，因為觸角張開的形狀和鬍鬚很像，於是名字就冠上了「鬍鬚」。

呀呼～

關於我們的生活，鮮為人知。只知道是在河流下游附近的草地上，才容易找到我們！關於我們吃什麼、怎麼生活，人們仍在研究中！

魅力滿分的觸角祕密！**我的觸角共有10節**，其中7節是呈扁平的狹長形，張開時就會呈扇形！

真的有夠神祕的！

請好好研究吧～

如果你忽視我翅鞘上的白色斑紋，我會哭哭～

只有雄蟲才有扇形觸角。雄蟲利用大觸角，可以輕鬆找到雌蟲，並進行交配。

請把我們的家園～還給我們！

☑ 分類 鰓金龜科
☑ 體長 約33～37公釐
☑ 食物 不詳
☑ 棲息地 韓國、日本、蒙古等地
☑ 活動期間 6～7月
☑ 特徵 像扇子般張開的獨特觸角

很遺憾的是，我們的數量日益減少、瀕臨滅種。最近在韓國因過度開發，導致雲斑鰓金龜的棲息地遭到破壞。如果放任不管的話，牠們很快就會**瀕臨絕種**！

嗚嗚～找到了我的愛！

有很多祕密的雲斑鰓金龜！

雲斑鰓金龜在6月至7月期間活動，主要可以在河流下游周圍的草叢和樹木生長處發現！但是，由於不知道雲斑鰓金龜靠吃什麼植物為生，所以很難觀察到。

好想見到你喔！想見你啊～

因河川下游頻繁地開發而破壞了棲息地，所以能看到雲斑鰓金龜的地區屈指可數。

聽說你瀕臨絕種了…真的好難見到你！（ㅜ_ㅜ）

謝謝啦！朋友！

為了雲斑鰓金龜，我們一起為生態努力吧！

雖然瀕臨絕種，但牠們偶爾也會出現在河川下游的路燈周圍飛行！

生物圖鑑 TIP

灰胸突鰓金龜的外觀和雲斑鰓金龜很像 兩者都擁有扇形觸角，但灰胸突鰓金龜的觸角較小，雲斑鰓金龜的身體有乳白色鱗片組成的雲狀斑紋。

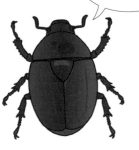

大家好～我是灰胸突鰓金龜

觀察重點　請仔細觀察河川下游的路燈處，也許能夠發現！　　難度 ★★★★☆

長得像大山鋸天牛的稀有昆蟲
馬奎特刺胸擬鍬形蟲

請參考推薦影片！

英陽

你的韓文名字是以棲息地和長相命名的啊！

你是鍬形蟲還是天牛啊？

錯，兩者都不是！

馬奎特刺胸擬鍬形蟲的韓文名字是「英陽鍬形天牛」，「英陽」是指韓國慶尚北道的英陽郡！而「鍬形天牛」是取自於牠們的外觀，**因為就像是「鍬形蟲」和「天牛」的結合**。

我的大下巴、鋒利爪子長得像鍬形蟲，狹長形觸角長得像天牛。

我就是我～

你是誰？

好驕傲喔～

這麼酷的昆蟲竟然在韓國被發現！

自2001年在韓國首次被發現後，是在韓國慶尚北道一帶生活的**稀有昆蟲**，見到牠們的機率很低！牠們是一種未知的昆蟲，相關的資訊很少。

- ☑ 分類 擬鍬形蟲科
- ☑ 體長 約60公釐
- ☑ 食物 樹木的樹液
- ☑ 棲息地 韓國、中國等
- ☑ 活動期間 6～8月
- ☑ 特徵 外觀長得像大山鋸天牛

跟想像中的不一樣！

雌蟲以卵的產量大而聞名！把幾百個卵聚在一起，從卵孵化出來的幼蟲則會分散開來，各自生活。

兄弟姊妹們，我要過自己的人生了

事實上，我的名字和我的長相毫無關係，我不是天牛科！我屬於擬鍬形蟲科，所以比起天牛，我跟鍬形蟲更為接近！

隨著年紀的增長，我的口味也變了～

還有一個重點！和吸吮樹液的成蟲不同，幼蟲是肉食性的！

144

因為馬奎特刺胸擬鍬形蟲很稀有，
所以更想見到！
現在就去找牠們吧！

實際上要見到馬奎特刺胸擬鍬形蟲的機率極低。即便如此，我們也還是去牠被發現的地區找看看吧！

太好了！
我們來去東海岸吧！

英陽

主要在6月至8月之間被發現，但不知道生活在哪些樹木上。至今在韓國的大自然環境中，從未發現過其幼蟲。

我想成為第一位發現者！

採集昆蟲的訣竅在於燈光！

但並非都無法見到牠們。到目前為止，馬奎特刺胸擬鍬形蟲大多是在路燈下被發現的！

生物圖鑑 TIP

馬奎特刺胸擬鍬形蟲的躲藏能力！
馬奎特刺胸擬鍬形蟲的飛行能力出類拔萃，只要一把牠們放在手掌上，就會瞬間飛走，所以要特別小心！

好不容易才找到的，絕對要小心！

採集重點　請仔細觀察韓國東海岸山區的路燈等處！

難度 ★★★★★

大黑埋葬蟲

是比外貌看起來更有益的昆蟲！

快來看！這裡有隻吃動物屍體的昆蟲！

好吃好吃

因為是以動物的屍體維生，所以有「樹林清道夫」的綽號！在刑事案件中，好像可以利用這種習性，調查出屍體的死亡時間！(ㄧ ㄧ)

聞～

米其林等級的腐肉～讚啦！

牠在昆蟲界以散發出惡臭而聞名！當牠感到受到威脅時，嘴裡會噴出一種難聞的液體！

我的眼睛大大的，牙齒很銳利！觸角尾端是一節接一節的，顏色是橘黃色。黑色的圓形軀幹，會讓人覺得和雌鍬形蟲很像，但我的**屁股呈尖尖的凸出狀**。

怕怕！

我們長得很像嗎？

蜱蟲（壁蝨）會習慣貼附著在大黑埋葬蟲身上，利用牠們的身體作為移動工具。

司機先生，請讓我在下一站下車！

從出生就開始吃屍體囉？

- ☑ 分類 埋葬蟲科
- ☑ 體長 約35～45公釐
- ☑ 食物 動物或昆蟲的屍體
- ☑ 棲息地 韓國、日本、中國、台灣等
- ☑ 活動期間 5～10月
- ☑ 特徵 圓形胸板和尖尖臀部，尾端有紅色觸角

死翹翹～

雌蟲在動物的屍體裡產卵。令人驚訝的是，孵化的幼蟲也吃屍體。

雖然散發著難聞氣味，但仔細瞭解的話，
就知道牠是有益的昆蟲！
來找找看大黑埋葬蟲吧！

主要分布於中、
低海拔山區，以
1000公尺左右
山區較能見到體
型大的大黑埋葬
蟲！

到住宅區附近的
樹林裡，也可以
找到吧～

在樹林裡找到動物
屍體似乎很難吧～
嗚嗚

大黑埋葬蟲會聚集在腐爛的動
物屍體上，因此，為了找到大
黑埋葬蟲，首先就是尋找動物
的屍體！

我準備了美味的
肉！希望你可以
出現～

生物圖鑑 TIP

大黑埋葬蟲喜歡燈
光！
大黑埋葬蟲是夜行
性動物，所以在山
上的人工照明下很
容易見到牠們！

請試著設置一個陷阱！在紙杯或保鮮盒裡放入五花肉
或生雞肉作為誘餌，然後在地上挖個洞，將該容器放
入洞裡。等個幾天，就可以抓到大黑埋葬蟲了！

採集重點　利用誘餌陷阱和燈光來吸引牠們吧！

難度 ★★★☆☆

Orange Science 06

最有趣的昆蟲觀察百科
—— 與60種昆蟲一起探索你不知道的生物世界

作者：TV生物圖鑑

作　　者	TV生物圖鑑
繪　　者	柳南永
翻　　譯	譚妮如
總 編 輯	于筱芬　CAROL YU, Editor-in-Chief
副總編輯	謝穎昇　EASON HSIEH, Deputy Editor-in-Chief
業務經理	陳順龍　SHUNLONG CHEN, Sales Manager
美術設計	點點設計
製版／印刷／裝訂	皇甫彩藝印刷股份有限公司

──────── 出版發行 ────────

橙實文化有限公司 CHENG SHI Publishing Co., Ltd
ADD／桃園市中壢區永昌路147號2樓
2F., No. 147, Yongchang Rd., Zhongli Dist., Taoyuan City 320014,
Taiwan (R.O.C.)
TEL／（886）3-381-1618　FAX／（886）3-381-1620
orangestylish@gmail.com
粉絲團https://www.facebook.com/OrangeStylish/

──────── 經銷商 ────────

聯合發行股份有限公司
ADD／新北市新店區寶橋路235巷弄6弄6號2樓
TEL／（886）2-2917-8022　FAX／（886）2-2915-8614

初版日期 2023年10月